国网辽宁省电力有限公司电力科学研究院　组编

东北电网输变电设备典型故障案例汇编

（2006—2015 年）

清华大学出版社

北京

内 容 简 介

本书对东北电网近 10 年发生的设备故障进行了梳理和汇总，收录 76 例典型故障，对故障发生概况、现场和解体检查情况、事故原因进行详细的阐述和分析，并给出预防措施和建议。主要包括：电力变压器故障案例 6 例，敞开式断路器故障案例 11 例，组合电器故障案例 12 例，开关柜故障案例 7 例，输电线路故障案例 11 例，互感器故障案例 5 例，避雷器故障案例 6 例，电抗器、电容器故障案例 11 例，二次故障案例 7 例。本书可供电力生产运维检修人员参考使用。

图书在版编目（CIP）数据

东北电网输变电设备典型故障案例汇编：2006—2015年 / 国网辽宁省电力有限公司电力科学研究院组编. — 北京：清华大学出版社，2020.3
　ISBN 978-7-302-54317-6

　Ⅰ.①东…　Ⅱ.①国…　Ⅲ.①输电—电气设备—故障检测—案例 ②变电所—电气设备—故障检测—案例
Ⅳ.①TM72 ②TM63

中国版本图书馆CIP数据核字（2019）第262836号

责任编辑：秦　娜　赵从棉
封面设计：陈国熙
责任校对：刘玉霞
责任印制：杨　艳

出版发行：清华大学出版社
　　　　网　　　址：http://www.tup.com.cn, http://www.wqbook.com
　　　　地　　　址：北京清华大学学研大厦A座　　邮　　编：100084
　　　　社 总 机：010-62770175　　　　　　　　邮　　购：010-62786544
　　　　投稿与读者服务：010-62776969, c-service@tup.tsinghua.edu.cn
　　　　质量反馈：010-62772015, zhiliang@tup.tsinghua.edu.cn
印 装 者：小森印刷（北京）有限公司
经　　销：全国新华书店
开　　本：185 mm × 230 mm　　　印　　张：20.25　　　字　　数：417千字
版　　次：2020年4月第1版　　　　印　　次：2020年4月第1次印刷
定　　价：188.00元

产品编号：079092-01

本书编委会

前言

近年来，东北电网建设步伐加快，电网的输电容量、设备和技术水平都有了较快发展，对电网输变电设备的性能和运行可靠性也提出了更高的要求。电网中高压设备种类繁多，故障类型多样，引起故障的原因极为复杂，如制造缺陷、安装质量缺陷、运行环境，甚至操作失误，等等。

为使广大从事电网生产运行工作的同仁对各类电网设备事故、故障有更多的了解，本书收录东北电网近 10 年发生的 76 例较为典型的设备故障案例，对故障发生概况、现场和解体检查情况、事故原因进行详细的阐述和分析，并给出预防措施和建议，以便吸取事故教训，减少事故、故障的发生。本书主要包括电力变压器故障案例 6 例，敞开式断路器故障案例 11 例，组合电器故障案例 12 例，开关柜故障案例 7 例，输电线路故障案例 11 例，互感器故障案例 5 例，避雷器故障案例 6 例，电抗器、电容器故障案例 11 例，二次故障案例 7 例。

由于本书涉及的故障案例较多，覆盖设备较广，加之编写时间仓促和能力有限，因此，对事故、故障的分类和分析不一定完全准确，错误在所难免，恳请各位专家和读者提出宝贵意见，编者深表感谢。

2019 年 10 月

目 录

第 1 章　电力变压器故障案例汇编

1.1　220 kV 变压器气体继电器受潮故障

1.1.1　故障情况说明

1. 故障简述

2015 年 6 月 27 日 12 时 28 分 42 秒，某 220 kV 变电站 #2 主变有载分接开关重瓦斯继电器动作，跳开一、二次开关，备用电源自动投入装置动作，负荷由 1 号主变带出，无负荷损失。

2. 故障前的运行方式

220 kV：开业线、业郭 #1 线、业牵 #1 线、#1 主变在 220 kV Ⅰ母线运行；业郭 #2 线、业牵 #2 线、#2 主变在 220 kV Ⅱ母线运行；220 kV 母联开关在合位。

66 kV：#2 主变带全部负荷，#1 主变热备用，主变备自投正常投入，66 kV 母联开关在合位。变电站系统接线图如图 1-1-1 所示。

故障前系统无操作，当日变电站内有业台一线、业台二线保护更换工作，系统运行正常。

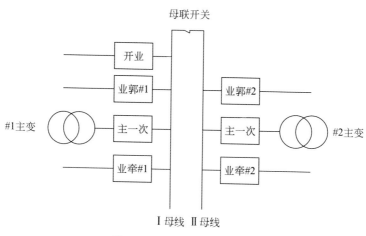

图 1-1-1　变电站系统接线图

3. 故障设备信息

#2 主变为葫芦岛电力设备厂 2010 年 1 月生产，SSZ11-120000/220 型三绕组变压器，自然油循环冷却方式，2011 年 8 月 30 日投入运行。

上次停电检修时间为 2014 年 3 月 30 日，春检例试无异常，本体双浮球瓦斯继电器更换，保护传动无异常。上次油色谱试验时间为 2015 年 5 月 12 日，结果无异常。

1.1.2　故障处理过程

1. 外观检查

（1）运行人员现场检查变压器本体、散热器无漏油迹象；主变本体瓦斯继电器、有载分接开关瓦斯继电器内无气体；有载分接开关重瓦斯继电器动作、备自投动作。

（2）二次检修人员现场调取相关远动及保护信息。

（3）一次检修人员现场变压器本体、分接开关取油样送检试验，油化专业油样分析结论为变压器本体油样未见异常，分接开关油样介损、耐压成绩合格。

（4）二次检修人员对 #2 主变有载瓦斯继电器相关回路进行详细的检查：直流系统无接地记录；非电量保护装置检查无问题，带开关传动 2 次，未发现问题；电缆对地绝缘及电缆芯之间绝缘无问题；在保护屏带电缆测量有载瓦斯继电器电阻 75Ω。

（5）#2 主变转为检修状态后，二次检修人员拆除继电器二次接线后测量，电缆无问题，在保护屏重新带电缆测量有载瓦斯继电器接点电阻 77 kΩ，回路异常恢复正常。

2. 试验验证

一次检修配合电气试验专业，对变压器有载分接开关进行了直阻测试，由变压器运行挡位 10 挡开始，后续 9B 挡位（2015 年 6 月 27 日 8 时 53 分变压器运行挡位由 9B 挡调节至 10 挡），然后将分接开关挡位调至 1 挡位，由 1 挡至 17 挡检测分接开关直阻，检测结果与 2014 年 3 月检测结果比对未见异常，分接开关直阻测试结论合格。变压器本体、铁芯绝缘电阻检测未见异常。

3. 解体检查

一次检修人员现场分解检查分接开关瓦斯继电器，发现瓦斯继电器内油颜色发黑，且继电器底部有碳粒沉积，一侧干簧管玻璃破损，接线断开，另一侧干簧管完好，但接线处有杂质及积碳。测量干簧管外引接线柱间距为 4 mm。气体继电器检查如图 1-1-2～图 1-1-4 所示。

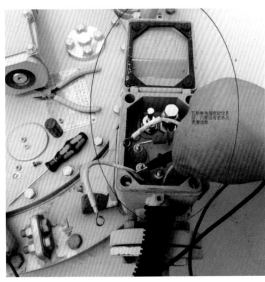

（a）继电器外观　　　　　　　　　　　（b）接线柱连接

图 1-1-2　气体继电器检查

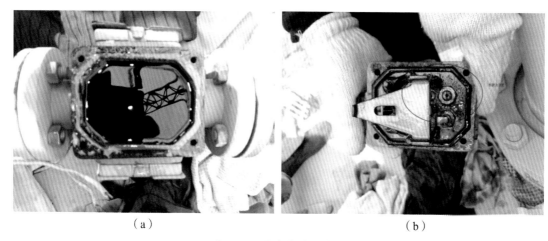

（a）　　　　　　　　　　　（b）

图 1-1-3　接线盒进水受潮

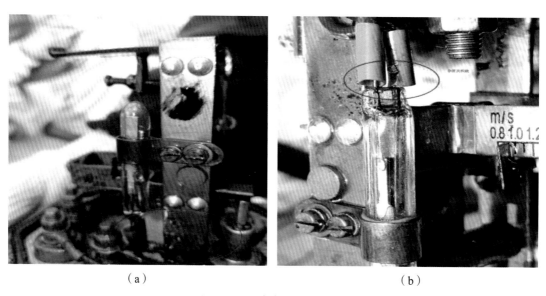

（a）　　　　　　　　　　　（b）

图 1-1-4　干簧管内部破损情况

　　更换全新同型号瓦斯继电器内部元件，测量干簧管外引接线柱间距为 5.5 mm，并与设计院人员沟通，将双接点串联接入原非电量保护回路，带开关传动正确，2015 年 6 月 28 日晚 22 时 31 分，主变恢复备用。

1.1.3　故障原因分析

（1）初步分析，保护装置动作记录无异常。

（2）通过变压器分接开关瓦斯继电器回路检查、分接开关直阻测试、变压器本体绝缘测试及油色谱分析的结论，排除了变压器分接开关瓦斯继电器进水受潮、电缆绝缘降低引发误动的可能性。

（3）通过变压器分接开关直阻测试、变压器本体绝缘测试及油色谱分析的结论，排除了变压器分接开关内部及变压器本体内部存在异常的可能性。

（4）通过在保护屏带电缆测量有载瓦斯继电器电阻 75 Ω，拆除继电器二次接线后检测电缆绝缘无问题，在保护屏重新带电缆测量有载瓦斯继电器接点电阻 77 kΩ 的现象及瓦斯继电器现场分解检查照片分析，重瓦斯继电器动作原因为瓦斯继电器内部变压器油中杂质及积碳积聚在干簧管接线柱处引发了导通，造成了重瓦斯继电器出口动作跳闸。

1.1.4　预防措施及建议

（1）检查 #1 主变有载瓦斯继电器，完善双接点串联接入原非电量保护回路，更换分接开关绝缘油。

（2）根据 220 kV 主变分接开关调挡记录次数，对超过变压器厂家规定次数的分接开关申请变压器停电，更换分接开关绝缘油，检查瓦斯继电器内部元件，进行传动试验。

1.2　220 kV 变压器有载开关气体继电器损坏故障

1.2.1　故障情况说明

1. 故障简述

2015 年 9 月 6 日 18 时 35 分，某 220 kV 变电站 #1 主变有载重瓦斯继电器保护动作，#1 主变跳闸，故障后无负荷损失。天气晴朗。故障前系统无操作、无作业，系统运行正常。

（1）动作过程

2015 年 9 月 6 日 18 时 35 分 38 秒 71 毫秒 #1 主变有载重瓦斯继电器保护动作

2015 年 9 月 6 日 18 时 35 分 38 秒 88 毫秒 #1 主变主一次开关第一组跳闸出口

2015 年 9 月 6 日 18 时 35 分 38 秒 89 毫秒 #1 主变主一次开关第二组跳闸出口

2015 年 9 月 6 日 18 时 35 分 38 秒 108 毫秒 #1 主变主二次开关分闸

2015 年 9 月 6 日 18 时 35 分 38 秒 115 毫秒 #1 主变主一次开关分闸

2015 年 9 月 6 日 18 时 35 分 38 秒 116 毫秒 #1 主变报事故

2015 年 9 月 6 日 18 时 35 分 40 秒 575 毫秒 #1 主变有载重瓦斯继电器保护复归

（2）保护装置动作报告

2015 年 9 月 6 日 18 时 35 分 37 秒 175 毫秒非电量 22 动作（注：非电量 22 即有载重瓦斯继电器）

2015 年 9 月 6 日 18 时 35 分 39 秒 680 毫秒非电量 22 复归（注：非电量 22 即有载重瓦斯继电器）

2. 故障前的运行方式

220 kV 侧：220 kV Ⅰ母线、母联断路器停电。东宁一线、#1 主一次、鞍远二线、宁铁线、#2 主一次在Ⅱ母线运行；220 kV 母联在分位。

66 kV 侧：对侧变电站 66 kV Ⅰ母线通过 66 kV 宁泉一、二线代送某 220 kV 变电站 66 kV Ⅰ母线；#1 主变二次、#2 主变二次在Ⅱ母线代送其他间隔运行；某 220 kV 变电站 66 kV 母联开关在开位，对侧变电站 66 kV 母联开关在开位。

系统运行示意图如图 1-2-1 所示。

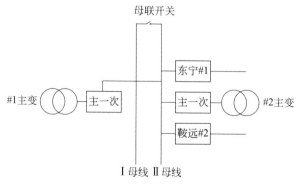

图 1-2-1 变电站系统运行示意图

3. 故障设备信息

（1）#1 主变信息。型号：SFPZ9-180000/220；生产厂家：葫芦岛电力设备厂；出厂日期：2005 年 8 月 1 日；投运日期：2005 年 10 月 26 日。

（2）有载分接开关信息。型号：M111600Y 型；厂家：MR；出厂时间：2004 年。

（3）有载开关瓦斯继电器信息。型号：QJ4G-25-TH；厂家：沈阳四兴；出厂日期：2012 年 4 月，出厂编号 443。2013 年 7 月结合主变停电检修更换有载开关瓦斯继电器，试验报告结论合格。

1.2.2　故障处理过程

1. 外观检查

主变外观检查正常，瓦斯继电器、油位、油温正常，分接位置在"8"挡，上次带电调整分接位置是 2015 年 8 月 4 日，由 7 挡调至 8 挡。有载开关瓦斯继电器外观检查无问题，瓦斯继电器内无气体。

2. 试验验证

使用 1000 V 摇表对主变保护至有载开关瓦斯继电器电缆进行绝缘测试，气体继电器检查情况如图 1-2-2~图 1-2-6 所示，测试过程如下。

（1）现场对主变保护有载重瓦斯继电器跳闸接点进行测量，接点间电压为 221 V，对外部电缆进行校核，电缆线芯及接线无问题。

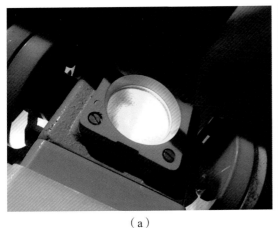
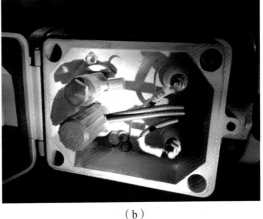

（a）　　　　　　　　　　　　　　　（b）

图 1-2-2　气体继电器检查情况

（2）有载开关瓦斯继电器及电缆之间绝缘电阻为 1.6 MΩ。

（3）脱离有载开关瓦斯继电器，电缆对地绝缘电阻值大于 200 MΩ，电缆之间绝缘电阻值大于 300 MΩ。

现场紧急对主变进行有载油色谱、简化、耐压、变压器直阻试验，试验结果合格。将原有载瓦斯继电器拆除，检查发现有载瓦斯继电器干簧管有破损。利用备用有载瓦斯继电器，经过校验合格后更换。

图 1-2-3　瓦斯继电器接线方式

图 1-2-4　破损的干簧管

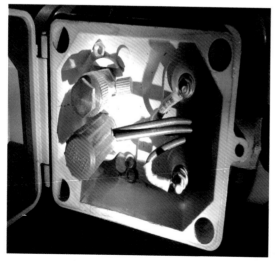

图 1-2-5　瓦斯继电器接线盒

图 1-2-6　瓦斯继电器内部结构

1.2.3　故障原因分析

主要原因：干簧管存在质量问题，先天有缺陷，长时间经过油流冲击后，干簧管根部破损，如图 1-2-7 所示。

综合有载瓦斯继电器回路绝缘电阻测量合格和瓦斯继电器接点在动作后 2 s 复归，可以判断出此次故障为虚接。有载瓦斯继电器动作原因分析：一是当干簧管破裂后，绝缘油进入干簧管，油中碳化物进入触头间，导致回路接通，随着油流将碳化物冲走后，随即复归；二是干簧管破裂在根部，并且触头已松动，涌动的油流造成触头摆动，导致下端接点接通，如图 1-2-8 所示。

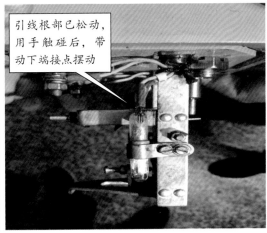

干簧管根部破损位置，可以看到接点已裸露在外，绝缘油留存在管内

引线根部已松动，用手触碰后，带动下端接点摆动

图 1-2-7　干簧管破损　　　　　　　图 1-2-8　干簧管引线松动

次要原因：该瓦斯继电器为双接点并列接线方式，即其中 1 对接点接通后即跳闸，此种接点方式可以保证有载瓦斯继电器可靠跳闸，但不能有效防止误动。如改为串接方式需 2 对接点同时接通才能跳闸。

1.2.4　预防措施及建议

将 220 kV 有载瓦斯继电器更换为双接点瓦斯继电器，对于双接点瓦斯继电器并列接线后接跳闸回路的情况，可在未改串接前将有载瓦斯继电器接入信号回路，不接入跳闸回路，或在改串接后将有载瓦斯继电器改接为跳闸回路。

1.3   220 kV 变压器中压绕组直阻不平衡故障

1.3.1   故障情况说明

1. 故障简述

2015 年 3 月 16 日，某 220 kV 变电站 #1 180 MV·A 主变例行试验，发现主变中压侧绕组直流电阻三相不平衡率为 4.90%，相间差别大于三相平均值的 2%（警示值），同相初值差>+2%（警示值）；为排除试验仪器、接线的影响，现场分别使用 3 套不同型号的仪器（包括试验引线）进行多次复测，测试数据基本一致；主变其他例行试验项目及油色谱分析无异常。

2. 故障前的运行方式

变电站 220 kV 系统、66 kV 系统均为双母线带旁路母线运行方式，有两台主变压器，停电例行试验前 #1 180 MV·A 主变带负荷，#2 80 MV·A 主变热备用，主变备自投、系统备自投投入中，变电站最大负荷约 125 MW（为倒送），最小负荷为 40 MW，66 kV 侧带将近 200 MV·A 风电、20 MV·A 光伏、10 MV·A 热电，系统运行示意图如图 1-3-1 所示。

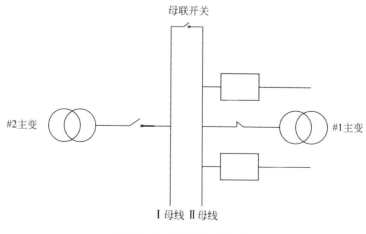

图 1-3-1   系统运行示意图

3. 故障设备信息

故障变压器为 2010 年葫芦岛电力设备厂产品，2010 年 12 月投运。

1.3.2　故障处理过程

1. 试验验证

1）中压侧绕组直流电阻

2015 年 3 月 17 日，试验人员携带直流电阻测试仪对主变中压侧绕组直流电阻进行测试，测试结果见表 1-3-1。

表 1-3-1　主变中压侧绕组直流电阻测试数据

项目	AmOm	BmOm	CmOm	不平衡率 /%
现场测试值（油温 8℃）/ mΩ	23.30	24.41	23.25	4.90
现场测试值（已折算至 75℃）/ mΩ	29.72	31.14	29.66	4.90
初值（出厂值，已折算至 75℃）/ mΩ	29.86	30.23	29.98	1.23
同相初值差（温度修正后）/ %	−0.4545	3.0113	−1.0657	—

2）主变油中溶解气体分析

主变油中溶解气体组分含量未接近注意值，与历史数据对比无显著增长。2011 年 8 月、2013 年 6 月总烃含量分别有所增长，但含量数值较低，不宜使用产气率作为判据。2013 年 7 月至今，数值比较稳定，油色谱成绩见表 1-3-2~ 表 1-3-4。

表 1-3-2　主变油中溶解气体分析数据（投运后）　　μL/L

气体	分析日期			
	2010-12-02	2010-12-05	2010-12-12	2011-01-04
CH_4	0.85	0.78	0.87	1.60
C_2H_4	0.68	0.64	0.63	0.61
C_2H_6	0.13	0.00	0.11	0.12
C_2H_2	0.00	0.00	0.27	0.26

续表

气体	分析日期			
	2010-12-02	2010-12-05	2010-12-12	2011-01-04
H_2	3.16	4.60	4.32	4.81
CO	1.54	1.65	1.77	1.74
CO_2	175.17	202.44	272.95	347.46
总烃	1.66	1.42	1.88	2.59

表 1-3-3　主变油中溶解气体分析数据（历年）　　　　　μL/L

气体	分析日期			
	2011-08-27	2012-07-29	2013-06-13	2014-06-17
CH_4	7.35	6.31	13.16	14.64
C_2H_4	0.74	0.84	0.91	1.24
C_2H_6	0.39	0.54	0.73	1.08
C_2H_2	0.21	0.11	0.16	0.14
H_2	5.08	5.98	6.24	6.88
CO	103.02	107.24	120.18	140.74
CO_2	465.32	342.89	527.75	595.95
总烃	8.69	7.80	14.96	17.10

表 1-3-4　主变油中溶解气体分析数据（本年度）　　　　　μL/L

气体	分析日期		
	2015-01-18	2015-02-20	2015-03-17（本次）
CH_4	15.21	14.88	14.081
C_2H_4	0.78	0.85	1.36
C_2H_6	0.80	0.92	0.87
C_2H_2	0.13	0.15	0.135
H_2	7.02	7.35	7.664
CO	152.47	164.85	171.674

续表

气体	分析日期		
	2015-01-18	2015-02-20	2015-03-17（本次）
CO_2	610.25	698.56	728.428
总烃	16.92	16.80	16.241

为进一步诊断绕组状态，进行了高压绕组对中压绕组的电压比测试和各侧绕组频率响应分析，测试结果为：电压比试验合格，电压比试验数据见表 1-3-5；各侧绕组频率响应曲线三相一致性较好，频响法绕组变形图谱如图 1-3-2~ 图 1-3-4 所示。

3）电压比测试

表 1-3-5　高压绕组对中压绕组的电压比试验数据

分接位置	高压对中压误差 /%		
	AB/AmBm	BC/Bm Cm	CA/CmAm
1	−0.22	−0.24	−0.20

4）绕组频率响应分析

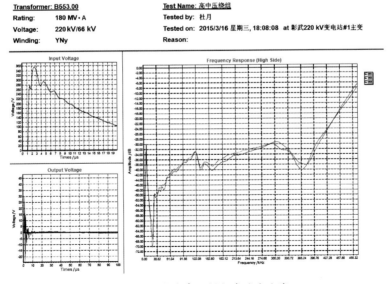

图 1-3-2　主变高压侧频率响应曲线

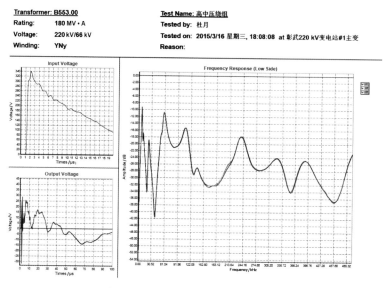

图 1-3-3　主变中压侧频率响应曲线

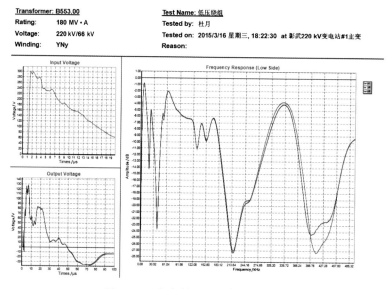

图 1-3-4　主变低压侧频率响应曲线

2. 解体检查

2015 年 3 月 18 日，主变排油至中压侧套管升高座手孔以下，打开三相套管升高座手孔。检查 B 相紧固套管与绕组引线连接部位无异常，重新测量绕组直流电阻，从连接部位上端、下端多次测量，直流电阻测量值均无明显变化，见表 1-3-6。同时检查 A、C 相套管与引线连接良好。当日将手孔恢复，绝缘油注回主变。测量接线如图 1-3-5 所示。

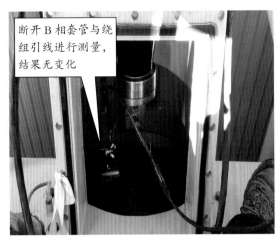

断开 B 相套管与绕组引线进行测量，结果无变化

图 1-3-5 测量接线

表 1-3-6 主变中压侧绕组直流电阻测试数据（手孔内测量）

项目	AmOm	BmOm	CmOm	不平衡率 /%
现场测试值（油温 10℃）/mΩ	23.25	24.53	23.32	5.40
现场测试值（已折算至 75℃）/mΩ	29.42	31.04	29.51	5.40

1.3.3 故障原因分析

通过上述检查，已排除 B 相套管与过渡铜缆连接处接触不良的可能性。其余故障点可能出现在绕组引出线与过渡铜缆压接处、绕组末端与中性点连接处或者绕组内部，可能为产品质量原因。

1.3.4 预防措施及建议

加强设备全过程管理，从设计选型、入厂监造、设备验收等方面加强技术监督，从源头控制产品质量。

1.4 220 kV 变压器绕组短路损坏故障

1.4.1 故障情况说明

1. 故障简述

2011 年 7 月 30 日 22 时 26 分 05 秒 231 毫秒虎大南线 C 相接地故障。故障零序电流为 11880 A（一次值）。当时虎大南接于南母线，同时接于南母线的线路有繁大南线、一组一次。故障时繁大南线故障零序电流为 2380 A（一次值）；一组一次故障零序电流为 3130 A（一次值）；一次母联故障电流为 6350 A（一次值）。

22 时 26 分 05 秒 291 毫秒（故障 60 ms 后），切除故障，保护动作情况如下：

一套保护：差动保护及距离 I 段保护动作。

二套保护：纵联保护及距离 I 段保护动作。

22 时 26 分 05 秒 440 毫秒，#1 变压器重瓦斯继电器动作，一组一次开关、一组二次开关跳闸。

22 时 26 分 05 秒 880 毫秒，综合备自投动作将二次母联合闸（#1 变负荷由 #2 变代出）。

22 时 26 分 08 秒 71 毫秒虎大南开关重合闸动作，开关重合。

22 时 26 分 13 秒 372 毫秒后虎大南线保护再次动作切除故障，保护动作情况如下。

一套保护：差动保护及距离 I 段保护动作。

二套保护：纵联保护及距离 I 段保护动作。

2. 故障前的运行方式

220 kV 系统：繁大南线、虎大南线受电入南母线，带 #1 变压器，转送大劝西线带劝工 #1 变。繁大北线、韩大甲线受电入北母线，带 #2 变压器，转送大劝东线带劝工 #2 变。南、北母线经一次母联并列运行，一次予母冷备用。

66 kV 系统：一组二次带南母线，配出 5 条 66 kV 线路，二组二次带北母线，配出 8 条

66 kV 线路，两段母线分列运行。二次母联开关热备用，事故前系统图如图 1-4-1 所示。

负荷情况：带 13 座局属 66 kV 变电站和带 9 座用户 66 kV 变电站，其中包含钢厂、药厂、化工厂、煤气厂等高危用户。

事故前变压器电力情况：系统事故前，负荷为 199 万 kV，变压器二次负荷为 207 A（23 366 kV），温度为 34℃；2 号主变二次负荷为 810 A（92 592 kV），温度为 50℃。

天气情况：当地 30 日 22—24 时出现大到暴雨，西部地区局部风力偏大，风速达 22.3 m/s，气温为 18℃。

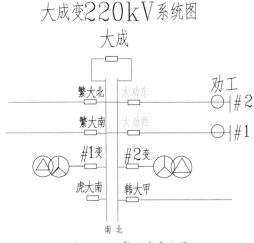

图 1-4-1　事故前系统图

3. 故障设备信息

该故障变压器为沈阳变压器厂产品，设备型号为 SFP7-180000/220，1990 年 5 月出厂，1990 年 12 月投运。

1.4.2　故障处理过程

1. 试验验证

1）色谱试验数据

对变压器进行外观检查，发现压力释放器动作喷油，采集油样进行试验，结果见表 1-4-1。

表 1-4-1　油样色谱测试结果　　　　　　　　　　　　　　μL/L

气体种类	H_2	CO	CO_2	CH_4	C_2H_4	C_2H_6	C_2H_2	总烃
判断标准	≤ 150	—	—	—	—	—	≤ 5	≤ 150
实测	1274	1565	5152	278.42	416.24	32.14	490.41	1217.2

试验数据表明变压器内部存在高能量放电性故障，由于数据中一氧化碳有明显增长，因此故障可能涉及固体绝缘。

2）高压试验数据

#1主变重瓦斯继电器动作后，安排高压试验人员进行绕组直流电阻、绕组变形试验。直阻测试结果见表1-4-2。

表 1-4-2 直流电阻测试结果

m Ω

一次绕组直流电阻	AD	BD	CD	三相不平衡 /%
	316.1	315.5	323.8	2.6
二次绕组直流电阻	ab	bc	ca	
	134.4	67.26	67.31	

经对绕组直流电阻试验数据进行分析，认为：高压绕组 c 相偏大，三相直阻不平衡率超出标准要求；低压绕组 b 相断线，绕组变形试验不需再做。

2. 解体检查

C 相低压线圈下部换位处第 136~140 段间短路，造成这 5 饼线圈全部严重扭曲变形，绝缘纸涨开，大面积露铜。面向低压侧 19~22 撑条范围铜线熔断，有铜镏和炭黑现象，垫块松散，多处移位。整个低压绕组出现波浪状变形，最大幅度为 30 mm，低压线圈严重变形，紧紧抱在铁芯柱上，地屏受低压线圈挤压严重变形损坏。检查结果如图 1-4-2~ 图 1-4-7 所示。

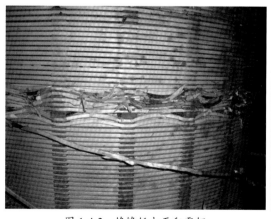

图 1-4-2 绝缘纸大面积露铜

图 1-4-3 C 相低压线圈故障点

图 1-4-4　饼间严重扭曲变形

图 1-4-5　铜线出现熔断和炭黑

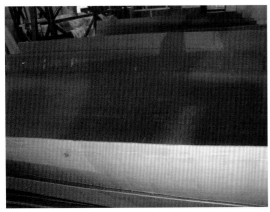

图 1-4-6　波浪状变形

图 1-4-7　地屏变形

C 相低压绕组放电点的膨胀造成 C 相中压和低压间纸板击穿破损，并出现烧伤性的炭黑，C 相中压绕组内纸板筒受损并可见明显炭黑，中压外部线圈有轻微变形，如图 1-4-8 和图 1-4-9 所示。

B 相和 A 相整个低压绕组可见由于短路力造成的波浪状变形，最大幅度超过 40 mm，低压线圈抱紧铁芯，地屏受低压线圈挤压变形损坏，如图 1-4-10 和图 1-4-11 所示。

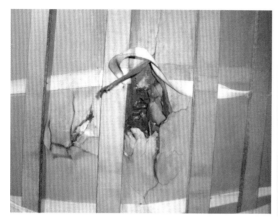

图 1-4-8　低压外围屏击穿、破损

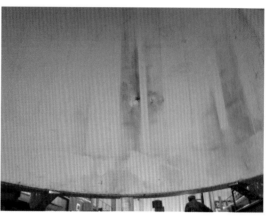

图 1-4-9　中压内纸板筒受损

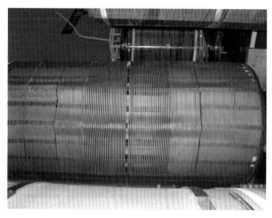

图 1-4-10　B 相低压线圈严重变形

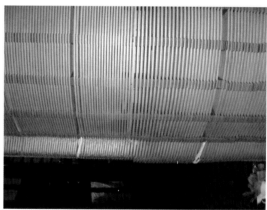

图 1-4-11　A 相低压线圈严重变形

1.4.3　故障原因分析

该变压器由于遭受过短路冲击，内部存在低能量放电性故障隐患。由于 220 kV 虎大南线接地故障，变压器一次绕组流过零序电流 3130 A，相应的二次绕组流过零序电流约为 3474 A，造成存在隐患的变压器二次绕组或引线断线，冲击造成变压器低压线圈变形，导线的强度变弱，导线的局部绝缘受到损伤，绝缘性能下降。这次冲击造成 C 相低压线圈股间绝缘破损，在电动力作用下产生导线被扯断和低压线圈股间、层间、饼间导线熔断等现象。由于该台变压器为 1995 年的产品，低压和中压线圈为普通扁铜线，导线的机械强度较差，低压线圈的单螺旋结构、导线电密大和绕组间撑条间距大等结构因素，致使此变压器抗短路能力非常弱。

1.4.4 预防措施及建议

对低压侧线路发生过短路故障跳闸的变压器，应安排设备特巡，加强红外测温工作，并立即进行油色谱分析；对承受短路电流较大（近出口短路）的变压器，应安排停电进行绕组变形试验等诊断性试验。

1.5 220 kV 变压器气体继电器进气跳闸故障

1.5.1 故障情况说明

1. 故障简述

2008 年 6 月 25 日 1 时 33 分 24 秒，某集控站后台机报警显示：某 220 kV 变电站"#1 主变本体轻瓦斯继电器动作"，变电站运行人员检查某 220 kV 变电站主控室，发现控制屏 #1 主变轻瓦斯继电器动作光字牌亮。当要到现场检查时，某变控制屏"#1 主变重瓦斯继电器动作"光字牌亮，主一、二、三次开关绿灯亮，此时集控站后台机显示：1 时 35 分某变 #1 主变本体重瓦斯继电器动作，#1 主一次 8191 开关分，#1 主二次 8161 开关分，#1 主三次 151 开关分，10 kV 分段开关合，220 kV 故障录波器装置整组不复归，事故总信号动作复归信号显示，主一、二、三开关电流表计指示为 0 A，66 kV 海香左线为电源线带某 66 kV 北母系统运行，无负荷损失。

2. 故障前的运行方式

#1 主变带 66 kV 北母：海华左、海船左、海香左、#1 主二次、#1 主三次。

#2 主变带 66 kV 南母：海华右（开口）、海船右、海香右、海连左、海连右（开口）、连海东、连海西、#2 主二次、#2 主三次。

10 kV 分段备自投运行。

3. 故障设备信息

该变压器为日本三菱公司 1987 年生产，1988 年 7 月 19 日投入运行。1994 年 10 月 17 日 #1 主变重瓦斯继电器差动动作，防爆筒破裂喷油，一次 B 相直流电阻超差 19.5%。经油色谱分析，各气体含量均超标。1994 年 11 月 18 日返日本三菱公司修理，于 1995 年 6 月 6 日返回现场，送电良好。

1996 年 10 月 31 日，日本厂家现场进行内部绝缘处理，11 月 12 日投运。#1 主变油色谱总烃值一直偏高，为 300 μL/L 左右，最大值为 334 μL/L。

最近一次高压定期试验为 2007 年 3 月 19 日，试验合格。

1.5.2 故障处理过程

1. 外观检查

现场检查变压器外观无异常，压力释放阀未动作，本体油位指示在刻度"7"，油温 54℃，采用连通管进行油枕油位检查，油枕油位无异常。3 号冷却器潜油泵上部板阀有渗油痕迹。

瓦斯继电器内部充满气体，取瓦斯继电器进行燃烧试验，瓦斯继电器内气体不可燃。通过取气阀放气，持续 6 min 左右，说明变压器内部积累气体较多，如图 1-5-1 所示。

瓦斯继电器二次回路检查：继电专业对瓦斯继电器二次回路进行检查，结果无异常。

图 1-5-1　瓦斯继电器积气较多

色谱试验：从变压器跳闸后，先后共取油样 7 次进行色谱分析，没有乙炔产生，且各组分含量均与最近一次（2008 年 5 月 30 日）色谱定期试验数据基本相同。色谱分析结果见表 1-5-1。

表 1-5-1　主变跳闸前、后色谱试验数据　　　　　　　μL/L

取样时间	H_2	CH_4	C_2H_6	C_2H_4	C_2H_2	$\sum CH$	CO	CO_2	备注
2008-06-25 9:30	32.6	100.9	219.7	15.4	0.0	336.0	132.6	2039.7	循环 30 min 后
2008-06-25 9:30	30.9	101.4	208.2	18.3	0.0	327.9	120.4	2079.8	循环 30 min 后
2008-06-25 7:20	33.5	93.6	217.3	18.2	0.0	329.1	124.7	2018.0	循环 10 min 后
2008-06-25 3:10	30.8	91.9	215.2	18.9	0.0	326.0	97.9	1938.6	
2008-06-25 3:10	505.5	327.1	96.9	13.9	0.0	437.9	1359.3	2375.8	瓦斯气体试验
2008-06-25 3:10	37.5	115.1	189.8	16.7	0.0	321.6	128.5	1957.9	便携式色谱仪
2008-06-25 3:10	36.2	107.3	175.3	14.9	0.0	297.5	128.8	1896.7	便携式色谱仪
2008-05-30	25.4	87.6	216.4	19.6	0.0	323.6	92.3	1978.4	跳闸前色谱数据

2. 试验验证

高压试验：对该主变进行了直流电阻试验、绕组绝缘及铁芯对地绝缘试验，试验结果无异常。试验数据见表 1-5-2 和表 1-5-3。

表 1-5-2　直流电阻试验数据（36℃）　　　　　　　Ω

测量位置	测量结果	测量位置	测量结果	测量位置	测量结果
AO	0.5838	AmOm	0.04896	ab	0.003936
BO	0.5880	BmOm	0.04879	bc	0.003958
CO	0.5882	CmOm	0.04898	ac	0.003932
差值 /%	0.72	差值 /%	0.39	差值 /%	0.69
结果	良	结果	良	结果	良

表 1-5-3　绝缘电阻试验数据（36℃）　　　　　　　MΩ

测量位置	测量结果	备注
一次 / 二、三次及地	50	天气有雾，套管表面潮湿
二次 / 一、三次及地	50	天气有雾，套管表面潮湿
三次 / 一、二次及地	40	天气有雾，套管表面潮湿
铁芯 / 地	500	出线套管较干燥

1.5.3　故障原因分析

经过对该变压器外观检查情况、油色谱分析及高压试验结果的充分讨论，基本可以确定该变压器内部无故障。

瓦斯继电器内气体为空气。空气进入变压器内部的原因为 #3 冷却器潜油泵上部一板阀渗油。潜油泵工作时，该板阀刚好处于油泵的前端，为负压区，因此，空气沿渗油处进入变压器内部，并积聚在本体内部油循环死角处。当死角处的空气积聚到一定程度后，在油流的作用下会突然释放，沿排气管进入瓦斯继电器，造成该变压器轻、重瓦斯继电器先后动作，变压器跳闸。经现场充分排气后重新恢复送电，当日 12：40 送电成功。

该瓦斯继电器为日本三菱公司原装产品，双浮筒结构，如图 1-5-2 所示。当气体进入瓦斯继电器，气量达到上浮筒落下时，变压器轻瓦斯继电器动作；当气量达到下浮筒落下时，变压器重瓦斯继电器动作。下浮筒动作使变压器跳闸，认为是变压器出现严重漏油甚至跑油故障，起到保护变压器的作用。目前国外 EMB、ASK 等著名品牌的瓦斯继电器全采用这种结构，而中国企业生产的瓦斯继电器均无此功能。

由于该变压器瓦斯继电器安装法兰外形及继电器本体尺寸与我国产的均不相同，另

图 1-5-2　瓦斯继电器内部情况

外三菱公司曾表示，如果中方擅自更换变压器附件，运行中出现任何问题，概不负责，因此没有进行更换。

1.5.4　预防措施及建议

（1）该变压器为全密封结构（油箱焊死），#3 冷却器板阀漏油不易处理，可将 #3 冷却器潜油泵停止运行，改由 #2 冷却器运行。

（2）为防止空气进入变压器内部，造成变压器轻重瓦斯继电器动作，应充分重视强油循环变压器冷却器的渗漏油情况，一旦发现冷却器渗油，尤其是负压区的渗油，则及时处理。

1.6 ⚡ 500 kV 变压器套管烧损故障

1.6.1 故障情况说明

1. 故障简述

2014 年 12 月 29 日，某 500 kV 变电站运行人员发现监控后台"66 kV 小室故障录波器启动""66 kV 小室故障录波器复归"报文频繁上报。当值运行人员经检查发现 66 kV 2 母线 C 相电压降低，A、B 相电压升高。于是当值运行人员向省调监控汇报，同时，安排人员在现场远距离观察 #2 主变 66 kV 侧设备是否存在单相接地电容电弧，并使用红外测温仪检查有无电弧发热情况。

在进行上述检查的过程中，现场运行人员听到 #2 主变方向传来类似开关跳闸的声响，与此同时主控室运行人员发现监控后台 #2 主变二次母线 C 相电压降为 0 kV，A、B 相升高至 √3 倍，并且报"#2 主变轻瓦斯继电器保护动作"信号。

16 时 32 分，由变电站运行人员向省调监控请示"建议将 #2 主变停电"。

16 时 48 分，省调监控答复"同意将 #2 主变停电"。

17 时 13 分，变电站 #2 主变停电操作结束。

#2 主变停电后检查设备发现 #2 主变 A 相瓦斯继电器内有气体，现场取气并初步检测为无色、可燃气体。气样的油色谱结果见表 1-6-1。

表 1-6-1　气样的油色谱结果　　　　　　　　　　μL/L

日期	H_2	CH_4	C_2H_4	C_2H_6	C_2H_2	CO	CO_2	总烃
2014-12-29	51642.61	1835.45	2022.43	114.99	1354.98	28236.82	781.24	5327.79

12 月 30 日，经检查发现 #2 主变 A 相低压套管存在漏油情况。进一步进行绝缘电阻试验，发现低压端子与地之间的绝缘电阻为 0。

12 月 31 日，经排油内检确认 #2 主变 A 相低压套管下瓷套被电弧击碎，套管电容屏有放电痕迹。2015 年 1 月 4 日，将该故障套管返厂进行解体检查，并与厂家确定故障原因。

2. 故障设备信息

#2 主变 A 相为特变电工沈阳变压器集团有限公司产品，2011 年 9 月生产，2012 年 8 月份开始现场安装，于 10 月 16 日安装结束，2014 年 10 月 14 日投运。投运前该变压器通过了交接试验，并于 2013 年 10 月 21 日通过复试。

1.6.2　故障处理过程

1. 外观检查

2014 年 12 月 30 日停电检查发现，变压器整体外观无明显损伤，低压 x 相套管出现漏油情况，且漏油量较大，漏油位置为集油盒盖与集油盒的连接处，及集油盒盖上部的两根紧固螺栓，如图 1-6-1 所示。

（a）　　　　　　　　　　　　　　　（b）

图 1-6-1　变压器外观检查

（c） （d）

图 1-6-1 （续）

进一步检查发现，在明显漏油状态下套管油表显示套管满油，怀疑套管下瓷套已经开裂，由于变压器储油柜高于变压器低压套管，故变压器油在油位差的压力下进入套管，并形成漏油。使用绝缘摇表进行绝缘试验，发现 x 相套管端部及末屏已经短路接地。

2. 试验验证

1）油样试验

2014 年 12 月 29 日现场对变压器进行油样试验，试验结果见表 1-6-2。

表 1-6-2 变压器油样试验结果 $\mu L/L$

油样位置	H_2	CO	CO_2	CH_4	C_2H_6	C_2H_4	C_2H_2	总烃
上部	8.71	74.30	229.80	3.85	0.69	6.47	8.54	19.55
中部	5.14	73.45	287.54	1.91	0.31	1.98	2.38	6.58
下部	11.4	73.74	286.06	4.83	0.92	9.05	12.11	26.91

2014 年 12 月 30 日，分别从套管头部及套管中部安装法兰处取油样进行试验，试验结果见表 1-6-3。

表 1-6-3　套管油样试验结果　　　　　　　　　　　　　　　　　　μL/L

油样位置	H_2	CO	CO_2	CH_4	C_2H_6	C_2H_4	C_2H_2	总烃
头部	1249	336.8	571.17	638.84	167.43	1314.3	1813.7	3934.27
中部	117.7	68.87	592.7	63.9	13.47	104.5	133.91	605.18

对比变压器和套管油样，发现套管中特征气体的含量明显高于变压器本体，且油中 H_2、C_2H_2 气体浓度较高，伴随其他烃类气体，故障类型为典型的油中电弧放电，因此进一步判断此次故障部位为套管。

2）排油内检

2014 年 12 月 31 日对变压器进行排油内检，发现故障部位位于 x 相套管，套管下瓷件碎裂。变压器线圈、无励磁调压开关、引线完好。内检发现变压器油箱箱底有散落的瓷件，箱壁有一处被散落瓷件划伤的脏污，引线和木件上有套管散落异物，其余部位正常。套管集油盒盖与集油盒间间隙不均匀，一侧缝隙过大，一侧缝隙过小。检查情况如图 1-6-2 所示。

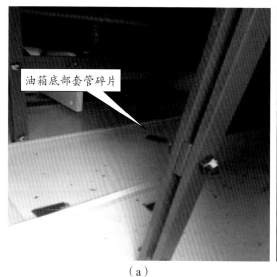

（a）

（b）

图 1-6-2　排油内检

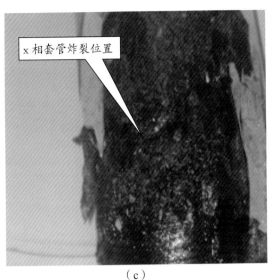

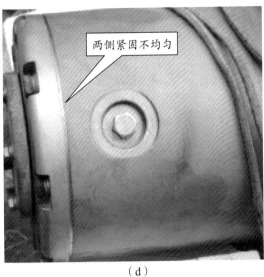

（c）　　　　　　　　　　　　　　（d）

图 1-6-2　（续）

3. 解体检查

2015 年 1 月 4 日进行了返厂解体检查，结果如下：

（1）集油盒内密封垫圈有脏污，无明显损坏。

（2）套管芯体油中部分沿面闪络，下瓷件碎裂，其余部位未发现异常，如图 1-6-3 所示。

（3）套管集油盒底有明显黄色锈迹，如图 1-6-4 所示。

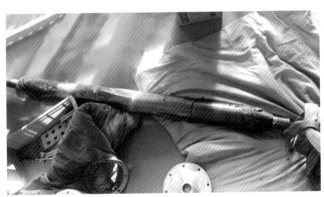

图 1-6-3　套管芯体检查

图 1-6-4　套管集油盒生锈

（4）油中均压球下缘内部残存变压器油中有少量锈迹。

（5）集油盒上部的两根紧固螺栓有明显锈蚀痕迹，其余螺栓正常，如图 1-6-5 所示。

（a）

（b）

图 1-6-5　套管螺栓检查

（6）套管集油盒内压簧出现锈迹，如图 1-6-6 所示。

1.6.3　故障原因分析

从解体情况分析，套管故障为油中电容芯体沿面闪络，并导致下瓷套在电弧作用下碎裂。套管集油盒内的弹簧为碳钢材质，在油中有较好的防腐性能，但在水中易腐蚀生锈，集油盒及均压球下缘内部的黄色锈迹表明套管内部进水。仅两根螺栓有锈蚀痕迹，证明此处密封不良，长期受潮才导致螺栓生

图 1-6-6　套管集油盒弹簧锈迹

锈。且在故障发生瞬间的冲击力作用下，套管除两根螺栓、集油盒与集油盒盖处漏油外，其余部位不渗漏，进一步证明此处为密封失效位置。

解体检查发现套管集油盒内密封垫圈无明显损坏，套管头部进水的原因推断是在套管集油

盒盖安装时操作者没有按照工艺要求对称把紧，造成套管集油盒盖一边安装过紧，一边翘起，表现为二者间隙不均匀。操作的失误导致安装有微小缺陷，套管运输过程和运行的振动使缺陷缓慢扩大，致使局部密封不良，如图1-6-7所示。

变压器在现场放置时间较长，冬季时，变压器套管油位降低，将导致套管内部出现负压，此时密封失效将导致变压器套管向内部抽气，加剧绝缘受潮。受潮后的水分由于相对密度较大，将沉积在套管底部，从而严重影响此处的电场分布，并沿纸绝缘表面形成沿面放电，最终击穿下瓷套使 x 相套管的绝缘失效，并通过 x 相套管电容屏外部的接地套筒形成短路接地，如图1-6-7所示。

（a）完好状态　　　　　　　　　（b）烧损状况

图1-6-7　套管下瓷件检查情况

该变压器为 500 kV 单相变压器，经低压母线连接后形成 YNd11 接线。

当低压 a 相的 x 套管发生短路接地故障时，由于低压 c 相的高压端连接 a 相的 x 端，故 #2 主变二次母线 C 相电压将降为 0 kV，A、B 相由相电压升高至线电压，升高至 $\sqrt{3}$ 倍，如图1-6-8所示。

综上，可以得到一个完整的事故过程：

2014 年 12 月 29 日 16 时 03 分 28 秒 66 kV 2 母线相电压发生变化（C 相降低，A、B 相升高），此时套管内部由于电容屏受潮正在发生严重的电弧放电，但电弧尚未将套管下瓷件打碎，并未完全接地。故 C 相电压尚未降至 0 kV，而 $3U_0$ 从 6V 逐渐升高。

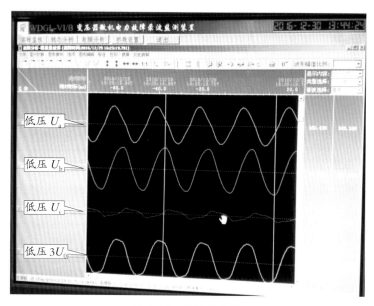

图 1-6-8　故障录波图

随后，当值运行人员去检查现场听到的 #2 主变内部的声响，正是电弧放电彻底将瓷件击碎的声音，此时变压器低压 C 相彻底短路接地，电压降为 0 kV，A、B 相升高至 $\sqrt{3}$ 倍。同时，由于电弧放电能量较大，产生大量故障气体导致轻瓦斯保护动作并向后台发送报警信号。此外，由于套管瓷件碎裂的位置较高、周围空间较大，且瓷件碎裂方向为箱壁方向，因此电弧放电的能量得到了较好的缓冲，没有导致重瓦斯继电器动作。

1.6.4　预防措施及建议

对放置时间超过一个冬季的变压器应进行重点评估，通过介损、绝缘电阻、油色谱等试验项目判断变压器各部件是否受潮。

第 2 章 敞开式断路器故障案例汇编

2.1 220 kV 断路器机构箱加热驱潮失效导致跳闸故障

2.1.1 故障情况说明

1. 故障过程描述

2013 年 1 月 28 日 12 时 38 分，调控中心监控后台上传"某 220 kV 变电站 220 kV 镁蟠线开关分闸，断路器不一致保护动作，重合闸动作"告警信息。现场检查发现，镁蟠线保护并无电气量保护动作出口信号，仅有重合闸动作出口信息，镁蟠线三相开关在合位，开关机构内部无明显异常。查后台机报文及 SOE 记录（事件顺序记录）可知，镁蟠线开关 B、C 相无故障跳闸，非全相保护动作跳 A 相，三相重合闸成功。某 220 kV 变电站为无人值班变电站，故障当时变电站现场为雾霾天气，湿度达到 95%，站内无作业，无直流接地信号。

2. 故障设备基本情况

故障断路器型号为 LW10B-252，河南平高电气股份有限公司 2002 年 9 月生产，2003 年 5 月投运，最近一次检修为 2011 年 10 月实施 C 类检修。镁蟠线保护装置为国电南京自动化股份有限公司产品。

2.1.2 故障检查情况

对镁蟠线开关和保护装置进行了全面检查。主要工作内容如下：

对保护装置进行全部定检并带开关传动，未发现异常。

对开关进行机械试验及动作电压测试，试验数据正常。

对开关非全相继电器进行动作特性测试及接点绝缘测试，未发现异常。

对开关直流控制回路、信号回路、交流回路进行逐段核查，回路接线与图纸相符，未发现异常。

对开关直流控制回路、信号回路、交流回路进行逐段对地及相互之间的绝缘测试，2013年1月29日至30日回路绝缘测试结果良好。31日下午再次进行绝缘测试时发现，开关机构箱至保护室电缆绝缘良好，三相开关机构箱内部回路的绝缘测试数据较前两日明显偏低，其中分合闸回路、负电回路部分电缆对地绝缘小于 0.5 MΩ。当日为雾霾天气，空气湿度达到90%，为了检查设备，从早晨起，开关机构箱内部的加热驱潮装置电源未投入。

2.1.3 故障原因分析

镁蟠线开关为三相电气联动，除本体非全相回路外，三相跳闸回路在开关机构内无交集，经查非全相回路，发现非全相出口回路存在正电端子与跳闸回路端子紧邻的情况，如图 2-1-1 所示。

2013 年 1 月 31 日下午测试，以上相邻端子间绝缘测试数据为 8 MΩ。

另外，SOE 记录显示，在故障前 34 s 和 37 s，分别出现一次开关机构"储能电机运转"信号，并且均仅持续不到 1 s 后信号即复归，正常开关补压时间为 15 s 左右，分析为信号接点虚接产生的假信号。

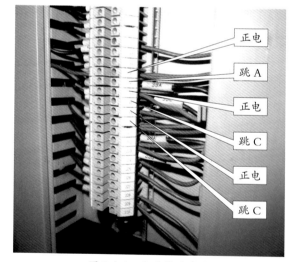

正电
跳 A
正电
跳 C
正电
跳 C

图 2-1-1　端子排的连接

经核实，本次故障后，检查发现开关 B 相机构箱内加热器及温控器损坏，利用备品更换。

鉴于未查出其他明确的问题点，怀疑导致故障的可能原因为镁蟠线开关 B 相机构箱内加热器及温控器损坏。28 日、31 日为雾霾天气，空气湿度大，端子排之间绝缘普遍下降，储能电机运转信号接点导通产生假信号，开关 B、C 两相跳闸回路导通跳闸，开关非全相保护动作，A 相跳闸，重合闸动作，开关三相合闸。

2.1.4　预防措施及建议

（1）将镁蟠线开关加热器投入，持续一段时间后重新测试机构内回路绝缘，良好后恢复运行。

（2）在设备设计选型时，加热器、驱潮装置、温控器等应选择优质产品，开关跳合闸回路端子应与直流正电端子适当隔开。

2.2　220 kV 断路器防跳继电器损坏故障

2.2.1　故障情况说明

1. 故障前运行方式

220 kV 双母线并列运行：电法 #1 线、蒲法 #1 线、调法 #1 线受电 I 母线带 #1 变压器、高法线、瓷法 #1 线运行。电法 #2 线、蒲法 #2 线、调法 #2 线受电 II 母线带 #2 变压器、瓷法 #2 线运行。一次母联开关环并运行。一次予母线冷备用。

2. 故障过程描述

2014 年 11 月 2 日 14 时 10 分，蒲法 #2 线第一、二套保护装置"远方起动跳闸"动作，故障测距为 64.7 km，故障相别为 B、C 相，故障相电流为 6.13 A（2000/5）。对本站设备检查无异常。

20 时 55 分省电力公司调度下令合上蒲法 #2 线 2256 开关送电，在开关合闸后，"非全相保护"动作，同时后台监控机"控制回路断线"告警，开关试送不良，判断断路器可能是有单相未能合闸。立即向调度汇报，同时联系检修、继电人员到现场检查处理。

3. 故障设备基本情况

故障断路器型号为 LW10B-252(H)W，是河南平高电气股份有限公司 2008 年 12 月生产的产品，2009 年 4 月安装，2013 年 12 月 29 日投运。

2.2.2　故障检查情况

2014 年 11 月 3 日 00 时 36 分联系调度拉开蒲法 #2 线 2256 母线刀闸（Ⅱ母线）及线路刀闸。检修人员对蒲法 #2 线开关进行就地分、合检查试验，发现开关 A、C 两相均能正常分、合闸，B 相开关不能合闸，判断 B 相开关合闸回路有问题。

现场检查发现：断路器在分闸状态下，107 合闸线带正电异常，随后检修人员对线圈两端加电后，断路器正常合闸，排除了线圈故障的原因，对远、近控把手，分、合闸把手，转换开关等进行了导通试验无问题。当对合闸回路中防跳继电器 KF21、KF22 这对闭接点进行导通时发现不通，用短路线将接点短接后，控制回路断线信号复归，开关远、近控合闸正常，由此判断造成断路器不能正常合闸的原因是串入合闸回路的防跳继电器 KF21、KF22 这对闭接点接触不良，致使合闸回路不通，不能正常合闸，如图 2-2-1 所示。

经查蒲法 #2 线断路器采用保护防跳，串入合闸回路的 KF21、KF22 这对闭接点只起到导通的作用，其他三对开、闭接点均未接入回路中。因此将损坏的防跳继电器拆除，如图 2-2-2

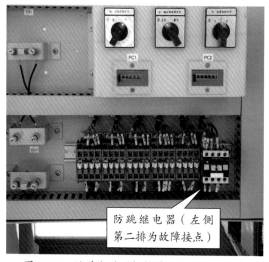

防跳继电器（左侧
第二排为故障接点）

图 2-2-1　故障断路器机构箱内二次元件布置

图 2-2-2　防跳继电器拆解

所示，将 KF21、KF22 这对闭接点短接，其他两相的防跳继电器由于未损坏，则只将防跳继电器下口的 KF22 线移至 KF21 线处进行短接，如图 2-2-3 所示。

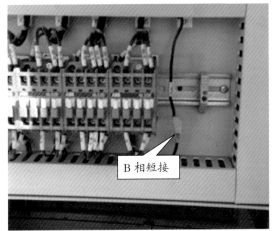

（a）B 相短接

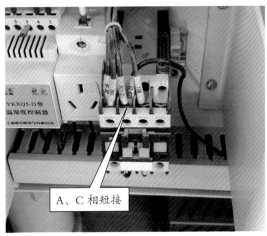

（b）A、C 相短接

图 2-2-3　防跳继电器缺陷

2.2.3　故障原因分析

蒲法 #2 线因故障跳闸后，运行人员检查断路器并无异常，但 B 相 KF21、KF22 这对闭接点原来就有接触不良的隐患没有体现出来。在恢复送电操作时，当断路器执行合闸命令后，有电流流过时，进一步加剧了 KF21、KF22 这对接点的损坏，造成合闸回路不通，致使断路器不能合闸。

2.2.4　预防措施及建议

对于采用保护防跳、同时防跳继电器串入合闸回路的断路器，将 KF21、KF22 这对闭接点进行短接。

2.3 220 kV 断路器雷击爆炸故障

2.3.1 故障情况说明

1. 故障简述

2012 年 8 月 18 日 16 时 12 分，受雷雨天气影响，220 kV 柳左 #2 线线路遭受连续雷击，某 220 kV 变电站侧 C 相断路器重击穿，对侧线路刀闸线路侧瓷柱外绝缘闪络，某 220 kV 变电站 220 kV 母差保护动作，某 220 kV 变电站全停，故障前负荷为 138 MW。

2. 设备故障过程

2012 年 8 月 18 日 16 时 12 分 14 秒 003 毫秒，220 kV 柳左 #2 线 #92 塔 C 相绝缘子遭受雷击，保护动作，两侧开关跳闸，切断故障电流；16 时 12 分 14 秒 574 毫秒（571 毫秒后），柳左 #2 线线路 C 相再次遭受雷击，此时线路两侧开关已在开位，雷电行波沿线路向两端传递，在两侧开关断口处发生全反射，过电压幅值增加 1 倍，同时造成某 220 kV 变电站侧柳左 #2 线开关断口重击穿及对侧柳左 #2 线线路刀闸 C 相线路侧支持瓷柱外绝缘闪络，形成工频放电弧道，由于某 220 kV 变电站 220 kV 失灵保护闭锁未动作，该短路电流一直持续（从 4084 A 逐渐减小至开关爆炸前的 1246 A）。期间，某 220 kV 变电站东西母线对侧元件达到后备保护动作定值后陆续跳闸；直到 16 时 12 分 24 秒 490 毫秒（10 秒 487 毫秒后），某 220 kV 变电站柳左 #2 线 C 相开关灭弧室承受不住内部气体膨胀产生的压力，发生爆炸，故障飞弧对右侧 A 型构架中间角铁横梁放电，220 kV 母差保护动作，切除西母线上所有元件（母差保护动作前，西母线上仅柳州线有电源），故障结束。

3. 故障设备基本情况

柳左 #2 线断路器型号为 LW10B-252H，额定电流为 4000 A，开断电流为 50 kA，断口额定雷电冲击耐受电压为 1050 kV，河南平高电气股份有限公司 2008 年 8 月制造，2009 年 9 月投运。

2.3.2　故障检查情况

1. 外观检查

将故障断路器三相返厂。外观检查 A 相未受到损坏，B 相由于爆炸灭弧室完全暴露且烧蚀严重，C 相受爆炸影响瓷外套受损，如图 2-3-1~图 2-3-4 所示。

图 2-3-1　三相断路器返厂解体

图 2-3-2　A 相断路器外观完好

图 2-3-3　B 相断路器瓷套破碎

图 2-3-4　C 相断路器灭弧室烧蚀情况

2. 试验验证

由于 C 相断路器爆炸造成 B 相断路器瓷套破损，因此 B、C 两相断路器无法满足试验要求，仅 A 相断路器完成相关试验，试验结果见表 2-3-1～表 2-3-3。

表 2-3-1　A 相断路器机械特性试验结果　　　　　　　　　　　　mm

序号	试验项目	技术要求	试验结果	
			返厂	出厂
1	工作缸行程	230±1	230	230
2	动触头行程	230±1	230	230
3	动触头超行程	40±4	39.5	41

表 2-3-2　A 相回路电阻试验结果　　　　　　　　　　　　μΩ

试验项目	技术要求	试验结果	
		返厂	出厂
灭弧室回路电阻	≤ 45	33	29

表 2-3-3　A 相工频耐压试验

试验项目	技术要求	试验结果	
		返厂	出厂
断口间耐压	460 kV/ 1min	合格	合格
极间或极对地耐压	460 kV/ 1min	合格	合格

雷电冲击试验：极对地 1050 kV×80% 正、负极性各 3 次，1050 kV 正、负极性各 1 次，共 8 次；断口间 1050 kV×80% 正、负极性各 3 次，1050 kV 正、负极性各 1 次，共 8 次。试验结果均合格。

3. 解体检查

B 相解体检查发现静触指、静弧触头、喷口、动触头环、压气缸、表带触指、绝缘拉杆均正常，如图 2-3-5 所示。

C 相解体检查发现，灭弧室部分瓷瓶、静触头已不存在，动触头烧毁，绝缘拉杆表面发黑受损严重，支柱上瓷瓶有烧蚀痕迹，下瓷瓶内壁有白色粉尘附着，如图 2-3-6 所示。

（a）弧触头

静触指、静弧触头滑动接触面正常，无烧损、划痕

（b）触指部分

喷口、动触头环、压气缸、表带触指正常，滑动接触面正常，无烧损、划痕。

（c）喷口外表面

绝缘拉杆正常

（d）绝缘拉杆

图 2-3-5　B 相断路器解体检查

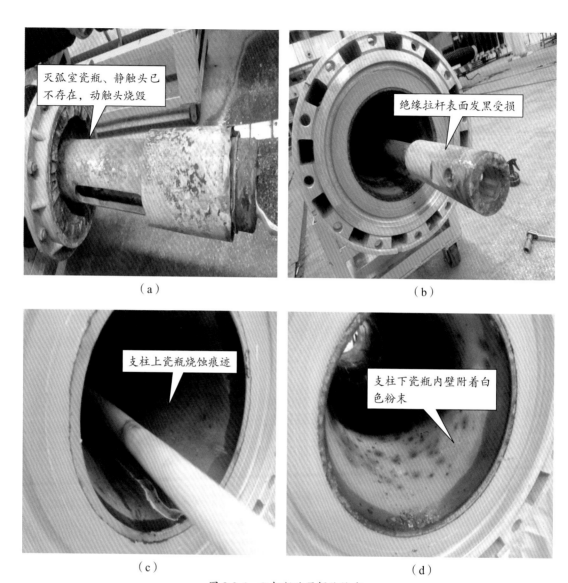

图 2-3-6　C 相断路器解体检查

2.3.3　故障原因分析

由于 220 kV 及以上电压等级系统的断路器都具有重合闸功能，当发生线路落雷或单相接地故障时，线路两侧断路器跳闸，故障消除后，断路器自动重合闸使系统恢复供电。但当断路器处在分闸状态时，线路若发生落雷，易使处于分闸状态下的断路器触头间绝缘击穿甚至造成灭弧室爆炸。雷电波沿线路到达断口一端时，在断口间发生全反射，高幅值的电压波使断口间的绝缘发生击穿产生燃弧，电弧电流产生的热效应短时间内在灭弧室中急剧上升，同时，灭弧室的内部压力急剧上升，灭弧室最终爆炸。

2.3.4　预防措施及建议

对符合以下条件的多雷区变电站，应在 66~220 kV 架空线路入口处加装避雷器。

（1）变电站所在地区年平均雷暴日 ≥ 50 天或近三年雷电监测系统记录平均落雷密度 ≥ 3.5 次 /km^2 的变电站；

（2）在距离变电站 15 km 范围内进出线走廊穿越雷电活动频繁的变电站（平均雷暴日 ≥ 40 天或者近三年雷电监测系统记录的平均落雷密度 ≥ 2.8 次 /km^2 的丘陵或山区）；

（3）发生过雷电波侵入造成变电设备损坏的变电站；

（4）经常处于热备用状态的变电站。

2.4　220 kV 断路器隔离开关控制电缆直流接地故障

2.4.1　故障情况说明

1. 故障简述

2014 年 5 月 13 日 8 时，某 220 kV 变电站发生直流系统接地，220 kV 建凌 #1 线 C 相开关跳闸，建凌 #1 线非全相运行。10 时 10 分，建凌 #1 线由旁路带出，系统恢复正常运行。现场检查发现，直流系统两点接地。

2. 设备故障过程

2014 年 5 月 13 日 8 时 0 分 0 秒 317 毫秒，220 kV 建凌 #1 线 C 相开关跳闸，2 s 后重合闸动作但未合上 C 相开关。

8 时 0 分 13 秒 251 毫秒，第一套直流系统接地信号发生。

8 时 0 分 14 秒 790 毫秒，第二套直流系统接地信号发生。

10 时 10 分 51 秒，建凌 #1 线由旁路带出。

5 月 14 日 3 时 30 分，建凌 #1 线开关汇控箱（B 相）至 A 相、C 相开关机构箱间控缆更换完毕；保护装置的"非全相保护"二次接线完成，传动试验良好。

5 月 14 日 11 时 53 分，建凌 #1 线恢复送电。

3. 故障设备信息

故障断路器型号为 LW10B-252W，河南平高电气股份有限公司 2004 年 2 月 1 日生产，2004 年 11 月 13 日投运。

2.4.2 故障检查情况

1. 直流系统正极接地

通过直流屏接地选线装置选线，发现 66 kV 测控装置屏对应回路绝缘降低。经排查确定 66 kV 建榆线遥信回路绝缘降低，正极接地（对地绝缘 0 MΩ），具体位置为建榆线开关机构箱至乙刀闸端子箱间，乙刀闸位置信号正电源（800 端子）接地，如图 2-4-1 和图 2-4-2 所示。打开乙刀闸端子箱，风干、除尘后，直流正极接地消失。其他遥信回路未发现绝缘问题。

图 2-4-1　建榆线乙刀闸端子箱　　　　　图 2-4-2　建榆线开关机构箱

2. 建凌 #1 线 C 相跳闸线接地

检查建凌 #1 线的保护屏室至 220 kV 开关场 B 相开关汇控箱、B 相开关汇控箱至 C 相 / A 相开关机构箱间的控制电缆绝缘情况，发现 B 相开关汇控箱至 C 相开关机构箱间控制电缆（24 mm × 2.5 mm）中的跳闸芯线（137C）对地绝缘为 0 MΩ，其他回路绝缘均正常。该电缆撤出后，外观检查无问题。

2.4.3　故障原因分析

1. 建凌 #1 线 C 相开关跳闸原因分析

通过现场检查发现，直流系统两点接地是建凌 #1 线 C 相开关跳闸的根本原因。

建凌 #1 线第一组跳闸，C 相电缆芯线（137C）绝缘胶皮有小孔，电缆内受潮，致使电缆芯线（137C）经屏蔽层接地，如图 2-4-3 所示。同时，该地区 5 月 11 日凌晨起普降中雨，持续约 15 h，致使 66 kV 建榆线刀闸老旧端子箱内受潮，遥信回路发生"正极接地"，造成建凌 #1 线 C 相开关跳闸。

剥开建凌 #1 线开关 B 相汇控箱至 C 相机构箱间的电缆外皮后发现，电缆中段两根线芯有明显放电痕迹，分别为 137C（第一组跳 C 相，正常带负电）、861（气压低报警，正常带负电），如图 2-4-4~ 图 2-4-7 所示。

图 2-4-3　建凌 #1 线开关 B、C 相机构间连接线缆

图 2-4-4　电缆屏蔽铜皮、布绝缘明显放电痕迹

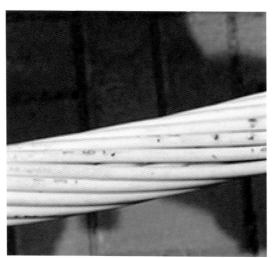

图 2-4-5 　电缆芯线明显放电痕迹

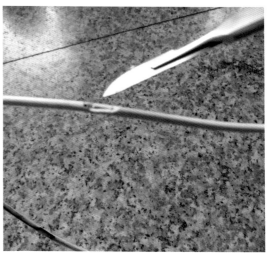

图 2-4-6 　137C 电缆绝缘层明显放电点

2. 建凌 #1 线非全相运行原因分析

建凌 #1 线 C 相开关跳闸后，保护"不对应启动重合闸"动作，因直流接地未消除，相当于跳闸命令一直存在，开关防跳回路处于保持状态，开关不能合闸。

此开关本体不具备非全相功能，保护装置的非全相功能尚未启用，致使建凌 #1 线开关非全相运行。

3. 直流接地信号晚于建凌 #1 线 C 相跳闸的原因分析

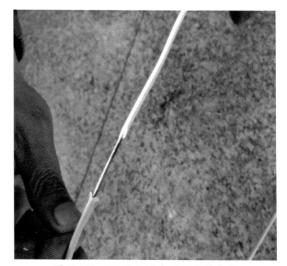

图 2-4-7 　137C 电缆线芯明显放电点

经现场模拟试验，直流系统"发生接地——支路巡检——发信"一般需 10~40 s，是直流接地信号晚于开关跳闸的原因。

4. 两套直流系统同时发生"正极接地"原因分析

经直流系统接地模拟试验发现，220 kV 旁路与主变遥信电源在 220 kV 开关场遥信转接箱混接，因取自不同直流屏造成两套直流系统混电，故同时发出"正极接地"信号。

2.4.4　预防措施及建议

（1）更换建凌 #1 线开关 B 相汇控箱至 C 相机构箱、B 相汇控箱至 A 相机构箱之间的电缆，二次回路绝缘正常，如图 2-4-8 所示；保护传动良好、监控系统信息正确。

（2）对 66 kV 机构箱、端子箱进行清洁、除潮和封堵。

（3）排除两套直流系统混电的缺陷，使两套系统完全独立。

图 2-4-8　建凌 #1 线开关更换电缆后

2.5　220 kV 断路器雷击跳闸导致变电站全停故障

2.5.1　故障情况说明

1. 故障前的运行方式

奎德素变 220 kV 双母线运行：建奎线、宁奎线、电奎线、#1 主一次接 I 母运行；朝奎线接 II 母运行；母联开关在合位。宁奎线奎德素变侧热备用，万家营风厂未发电。故障前，奎德素变负荷约 94 MW（1# 主变倒送 31 MW、66 kV 风电 125 MW）。

2. 故障过程描述

2013 年 5 月 19 日，某 220 kV 变电站 220 kV 建奎线、朝奎线同时遭雷击跳闸，建奎线开关重合失败，朝奎线重合成功，对侧 A 相开关拒动、失灵保护动作，导致某 220 kV 变电站全停。

5 月 19 日 13 时 55 分，调控中心遥控建奎线合闸、拒动。

13 时 58 分，变电运维人员遥控建奎线合闸、拒动。

3. 故障设备基本情况

故障断路器型号为西高 LW25-252 型设备，2009 年 7 月出厂，2010 年 4 月 14 日投运，出厂及交接试验正常。

建奎线保护装置为深圳南瑞 PRS_702CAP、PRS_753A 微机保护，2010 年 4 月 14 日投运。2011 年 3 月 26 日、27 日，保护定检正常。

2.5.2　故障检查情况

14 时 26 分，检修人员到达现场，现场检查开关各部件外观无问题。联系变电运维人员遥控合闸，现场检查合闸线圈未动作。

15 时 15 分，联系调度拉开建奎线乙刀闸、甲刀闸，进一步查找原因。

15 时 16 分，开关就地操作，发现 A 相合闸未动作，B 相、C 相合闸后非全相保护动作跳闸。经查为就地操作把手触点未接通 A 相合闸回路，现场处理后，判定开关机构操作回路正常。将把手切至远方位置，检查确定合闸回路导通，再次遥控合闸、分闸，开关动作正确。

15 时 36 分，联系调度遥控合闸、分闸操作，开关动作正确。为保证远方 / 就地转换把手的远方位置分合闸回路接点可靠接通，将接点在端子排上进行短接处理。短接后遥控合闸、分闸操作正确。

5 月 23 日，建奎线停电，查找开关未合闸原因。遥分、遥合成功后，保护传动试验跳闸后未合闸，经回路查找确定 A 相开关 SP2 行程开关接点不通，如图 2-5-1 所示。（SP2 为外侧控制合闸回路，SP1 为里侧控制储能回路。）

打开 A 相机构外壳，检查合闸储能弹簧凸轮连杆与限位开关的接触情况，发现 SP1 弯曲，SP2 压接不到位，明显存在调整不当现象，如图 2-5-2 及图 2-5-3 所示。轻微触碰滚轮后，合闸回路导通。

弯曲的 SP1 行程开关摆杆

图 2-5-1　开关合闸储能位置

图 2-5-2　A 相机构压接位置　　　　　　图 2-5-3　C 相机构压接位置

调整 A 相行程开关后，遥控合、分数次，A 相 SP2 接点未出现不通现象，由于 B 相 SP2 接点也出现不通现象，因此经与厂家技术人员共同协商，暂时短接 SP2 合闸回路节点，建奎线送电。

2.5.3　故障原因分析

（1）西高 LW25-252 断路器行程开关采用进口欧姆龙 X-10GM2-B 型产品（两个接点一开一闭），本身质量不存在问题。

由于断路器出厂或现场调整不当，同时设计上存在固有缺陷（SP1 为凸轮压接，SP2 为连杆压接，行程开关压接行程明显不一样），导致断路器合闸回路不通成为离散事件。SP2 处于通与不通的临界点，如果连杆外径加粗与凸轮顶端平齐，可解决行程不一致的问题。

（2）由于建奎线合闸回路没有监视设备，致使故障原因查找困难。正常情况下红、绿灯应分别监视跳、合闸回路，而建奎线因为采用开关防跳，为防止红、绿灯同时点亮，合闸回路的绿灯监视被取消，而绿灯仅监视断路器转换接点，合闸回路断线无法报警，存在二次回路设计缺陷。

2.5.4 预防措施及建议

（1）建议断路器采用单机构双接点（两开两闭）的行程开关，取消连杆直接由凸轮压接，如图 2-5-4 及图 2-5-5 所示。或者采用电机储能的直流接触器 88M 的闭接点（2005 年的断路器如此设计）串入合闸回路（优先选用）。

（2）建议断路器采用分相控制合闸回路，即本相断路器未储能，只有本相合不上。

（3）运行的断路器只能有一套电气防跳功能，由保护或断路器本体实现，但必须完善断路器合闸回路的监视和报警功能。

图 2-5-4 未储能位置

图 2-5-5 储能后压接位置

2.6 220 kV 断路器雷击跳闸导致母线失压故障

2.6.1 故障情况说明

1. 故障前运行方式

故障前，某 220 kV 变电站 220 kV 系统为正常运行方式，无作业。

2. 故障过程描述

2013 年 8 月 7 日，雷雨天气。22 时 39 分，220 kV 吴佟乙线线路遭受连续雷击，某 220 kV 变电站侧 A 相断路器跳闸后灭弧室发生重击穿，吴佟乙线失灵保护动作，跳开 220 kV Ⅱ 母线上其他元件（吴佟甲线，吴华线，Ⅱ、Ⅳ分段），并远跳线路对侧开关，未损失负荷。

3. 故障设备基本情况

故障断路器型号为 LW15-220，为西安西开高压电气股份有限公司与日本三菱合作制造，配气动操作机构，1996 年 3 月出厂，1998 年 10 月 31 日投运，上次小修预试时间为 2011 年 4 月 19 日。开关整体及机构外观如图 2-6-1 及图 2-6-2 所示。

图 2-6-1　吴佟乙线开关整体外观　　　　图 2-6-2　吴佟乙线开关机构外观

2.6.2　故障检查情况

1. 保护动作情况

某 220 kV 变电站侧保护动作情况：

2013 年 8 月 7 日 22 时 39 分 06 秒 897 毫秒，吴佟乙线第一套 RCS-931AM、第二套 RCS-901 保护动作，开关跳闸。故障相别为 A 相，保护测距 6.3 km，故障电流为 8kA。

22 时 39 分 07 秒 363 毫秒，吴佟乙线第一套、第二套保护动作，故障相别为 A 相，故障电流为 5.280 kA。

22 时 39 分 07 秒 360 毫秒，吴佟乙线开关失灵启动，22 时 39 分 07 秒 679 毫秒，220 kV Ⅰ、Ⅱ 母线母差失灵保护动作，跳开吴佟甲线、吴华线及 Ⅱ、Ⅳ 分段。

吴佟乙线对侧变电站保护动作情况：

22 时 39 分 07 秒 031 毫秒，吴佟乙线第一套、第二套保护动作，开关跳闸；22 时 39 分 09 秒 032 毫秒，重合闸启动，开关重合。

22 时 39 分 07 秒 697 毫秒，吴佟甲线远跳出口，开关跳闸。

2. 现场检查

1）断路器检查情况

220 kV Ⅰ、Ⅲ、Ⅳ 母线各间隔断路器在合位，220 kV Ⅰ、Ⅱ 母联，Ⅲ、Ⅳ 母联，Ⅰ、Ⅲ 分段断路器在分位，无异常；220 kV Ⅱ 母线吴佟甲线、吴佟乙线、吴华线断路器在分位，Ⅱ、Ⅳ 分段断路器在分位，各元件外观检查未见异常。

220 kV Ⅰ、Ⅱ、Ⅲ、Ⅳ 母线避雷器动作计数器显示"0"（最近一次巡视时间为 8 月 5 日，当时记录器指示均为"0"）。根据保护动作情况，对吴佟乙线 A 相断路器进行重点检查。

A 相断路器本体 SF6 气体压力、机构空气压力值均正常；测量分闸状态机械尺寸、机械位置正常，如图 2-6-3 所示。该相断路器上次记录的动作累计次数为 19 次，本次故障后巡视，动作累计次数为 20 次。

图 2-6-3　A 相分闸状态机械位置测量

2）线路故障点情况

220 kV 吴佟乙线全长为 30.872 km，巡线发现吴佟乙线 #18 塔 A 相负荷侧内串绝缘子从横担数第 4 片瓷质部分全部脱落，如图 2-6-4 所示。220 kV 吴佟乙线 #19 塔 A 相电源侧外串绝缘子从横担数第 3、4 片瓷质部分全部脱落，内串绝缘子从横担数第 13 片瓷质部分全部脱落，如图 2-6-5 所示。吴佟乙线 #18、#19 塔设计电阻值 15 Ω，实测接地电阻值分别为 7.86 Ω、8.19 Ω。绝缘子闪络分析为绕击雷引发。

图 2-6-4　#18 塔绝缘子闪络情况

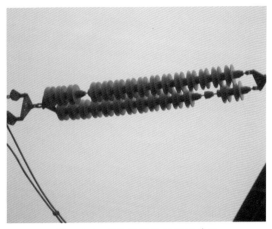

图 2-6-5　#19 塔绝缘子闪络情况

3. 解体检查

对吴佟乙线 A 相断路器本体进行解体检查。解体中发现，绝缘拉杆等组件各部位连接正常，无机械变位情况。动、静触头表面均有烧损造成的大量沟痕，灭弧室瓷套内部断口对应位置出现大片的烧损痕迹，如图 2-6-6~ 图 2-6-8 所示。

图 2-6-6　动触头烧损

图 2-6-7　静触头烧损

图 2-6-8　灭弧室瓷套内壁烧损

2.6.3　故障原因分析

22 时 39 分 06 秒 897 毫秒，220 kV 吴佟乙线 #19 塔 A 相遭受雷击，两侧变电站保护动作，开关跳闸，切断故障电流。22 时 39 分 07 秒 360 毫秒（463 毫秒后），吴佟乙线 A 相再次遭受雷击，雷电行波在某 220 kV 变电站吴佟乙线开关断口处发生全反射，造成某 220 kV 变电站侧吴佟乙线开关断口重击穿以及 #18 塔 A 相负荷侧内串绝缘子击穿，某 220 kV 变电站 Ⅱ 母线工频电流通过开关断口流过线路故障点，吴佟乙线开关失灵保护动作，跳开 220 kV Ⅱ 母线上其他元件（吴佟甲线，吴华线，Ⅱ、Ⅳ分段），并远跳线路对侧开关。

2.6.4　预防措施及建议

本次故障的发生，再次突显了在多雷区线路终端加装避雷器的必要性和紧迫性。对符合以下条件的多雷区变电站，应在 66~220 kV 架空线路入口处加装避雷器：

（1）变电站所在地区年平均雷暴日 ≥ 50 天或近 3 年雷电监测系统记录平均落雷密度 ≥ 3.5 次 /km² 的变电站；

（2）在距离变电站 15 km 范围内进出线走廊穿越雷电活动频繁的变电站（平均雷暴日 ≥ 40 天或者近 3 年雷电监测系统记录的平均落雷密度 ≥ 2.8 次 /km² 的丘陵或山区）；

（3）发生过雷电波侵入造成变电设备损坏的变电站；

（4）经常处于热备用状态的变电站。

2.7　220 kV 断路器支持瓷柱断裂导致变电站全停故障

2.7.1　故障情况说明

1. 故障前运行方式

1）220 kV 系统

220 kV 南母线带 #1 主变一次、北平二线、沈平甲线。

220 kV 北母线带 #2 主变一次、#5 主变一次、北平一线、沈平乙线。

220 kV 母联开关在合位。

2）66 kV 系统

66 kV 南母线接有：#1 主变二次，平铝一线，平铝二线，平工一线，#3 主变一次，一组电容器，三组电容器。

66 kV 北母线接有：#2 主变二次，#5 主变二次，平铝三线，平铝四线，平铝五线，双河一、二线，平工二线，#4 主变一次，二组电容器，#2 站用变。

66 kV 母联开关在合位。

66 kV 双河一、二线，平工一、二线为联络线，在某 220 kV 变电站侧开口备用。

3）变电站负荷情况

某 220 kV 变电站主要为铝厂 66 kV 变电所供电，并带少部分民用负荷，无一类用户。故障前，该变电站总负荷 195MW，铝厂负荷 180MW，民用负荷 15MW。

2. 故障过程描述

2013 年 3 月 5 日 09 时 32 分，某 220 kV 变电站 220 kV 南母线 #5 主变一次间隔东侧 A 相支持瓷柱断裂，断裂瓷柱下落连同 A 相母线跌落到 #5 主变一次 3506 刀闸 A 相上部（当时运行在北母线），造成南、北母线 A 相接地故障，220 kV 母差保护动作，220 kV 南、北母线所有开关跳闸，站内失去电源。某 220 kV 变电站 66 kV 系统无一类负荷用户，民用负荷（1.5 万 kW）恢复迅速，未造成不良社会影响，损失电量约 35 万 kW·h。

故障时天气晴朗，风速 13.4 m/s（6 级风力）。当日变电站内无作业，系统无异常。

3. 故障设备基本情况

故障瓷柱为抚顺电瓷厂 1988 年 1 月产品，型号为 ZSW1-220/4 型。南母线上次检修日期为 2011 年 3 月 26 日，并进行了瓷柱探伤，未发现异常。

2.7.2　故障检查情况

1. 现场检查

1）故障设备检查

现场检查发现 220 kV 南母线东侧端部（#5 主变一次间隔）A 相支持瓷柱跌落在地面上造成多处断裂，该间隔 A 相管母线跌落到 #5 主变一次 3506 A 相联络刀闸上，母线端部支架对 3506 A 相联络刀闸下节瓷柱底部法兰放电，造成 220 kV 南、北母线 A 相接地，如图 2-7-1~图 2-7-4 所示。

#5 主变一次 3506 联络刀闸 A 相支持瓷柱下法兰受跌落管母线撞击、220 kV 南母线 #5 主变一次间隔西侧 A 相支持瓷柱受到跌落母线的拉伸出现裂纹，其他设备未发现损坏。

断裂的南母线东侧 A 相支持瓷柱未发现旧裂纹、水泥浇注劣化及进水、受潮现象，瓷柱铁瓷结合部涂有防水胶，绝缘子表面涂有 RTV 防污闪涂料，如图 2-7-5 及图 2-7-6 所示。

图 2-7-1　南母线东侧 A 相跌落

图 2-7-2　A 相支持瓷柱落至地面

图 2-7-3 瓷柱底部法兰放电点

图 2-7-4 母线端部支架放电点

图 2-7-5 南母线东部 A 相支持瓷柱根部断面

图 2-7-6 跌落到地面的南母线东部 A 相瓷柱

2）变电站内其他设备检查

220 kV 南母线东西端部支持瓷柱均不同程度向母线侧倾斜，最大倾斜度为 2°51'。

对南母线管母线伸缩节进行检查发现，除扩建的东侧第二级支柱母线伸缩节处固定金具安装了垫块，具有伸缩功能外，其他均未安装垫块，处于固定状态，伸缩节未起到热胀冷缩调节作用。

3）保护动作情况

根据现场故障设备情况，检查保护动作正确。

2. 试验验证

（1）现场运行人员在调度指挥下首先隔离故障点，故障点隔离后，于 10 时 08 分合上某 220 kV 变电站 66 kV 双河 #1、#2 线开关受电带 #3、#4 主变（66 kV /10 kV），送出某 220 kV 变电站内二次变（某 220 kV 变电站内的 66 kV 变电站）全部民用负荷。

现场对其他 220 kV 设备检查完毕后，10 时 44 分至 11 时 27 分，220 kV 北平一线、沈平乙线、北平二线、沈平甲线及 #2 主变由北母线相继送电，恢复变电站所有负荷供电。13 时 30 分，220 kV #5 主变经侧路由北母线转带送电。

（2）为尽快恢复系统供电，当日晚上，对 220 kV 南母线 #5 主变一次间隔母线西侧 A 相支持瓷柱进行更换并拆除该段故障母线，于 21 时 32 分恢复了 220 kV 南母线供电，21 时 58 分 #1 主变送电，所有南母线恢复正常运行方式。

由于 #5 主变一次 3506 刀闸 A 相受管母线撞击，经探伤发现约 1 cm（支持瓷柱下节下法兰）裂纹，目前 #5 主变仍由侧路转带供电。

2.7.3 故障原因分析

1. 导致变电站全停的原因

220 kV 南母线东侧（#5 主变一次间隔）A 相支持瓷柱断裂，断裂部分瓷柱连同 A 相管母线跌落到 #5 主变一次 3506 A 相联络刀闸上，母线端部支架对 3506A 相联络刀闸支柱底部法兰放电，造成 220 kV 南、北母线 A 相接地，母差保护动作跳闸。

2. 南母线 A 相支持瓷柱断裂原因

（1）瓷柱在运行中受到额外应力作用。因冻胀等使场区地面不平，导致设备基础支柱、瓷柱均有不同程度变形，使母线对瓷柱产生侧向应力（最大倾斜度为 2° 51'）。

另外，该站 220 kV 管母线端部支撑采用悬臂梁结构形式，如图 2-7-7 所示，母线支架、母线接地刀静触指和母线重量导致支持瓷柱

图 2-7-7　母线端部支撑线架结构

单侧长期受到一个弯曲应力。

（2）瓷柱运行年限长、标准低。断裂瓷柱已经运行 25 年，且为普通型瓷柱，设计抗弯强度为 4 kN，运行年限过长、强度下降。

（3）管母线伸缩节施工不规范。220 kV 管母线为 LF-21Y-ϕ 100/90 型铝合金管母线，其线膨胀系数约为 2.36×10^{-5} m/（m·K），该段母线长度为 14 m，抚顺地区温度变化在 –35~35 ℃（温差 70 ℃），本段母线最大线膨胀距离为 2.36×10^{-5} m/（m·K）× 14 m × 70 K = 0.02313 m = 23.13 mm，而现场检查母线支撑金具与伸缩节固定金具间隙（即母线可伸缩调整范围）仅为 13 mm，满足不了该段母线热胀冷缩要求，如图 2-7-8 所示。

图 2-7-8　支撑金具与伸缩节固定金具间隙

2.7.4　预防措施及建议

220 kV 配电装置为管母线，按照规程要求必须每隔一定长度安装伸缩节，该母线虽然设计了母线伸缩节，但由于施工工艺、质量问题，造成伸缩节失去了调节功能。

 2.8　220 kV 断路器分闸压力闭锁导致拒动故障

2.8.1　故障情况说明

1. 故障前运行方式

某 220 kV 开闭站 220 kV 主接线为双母线接线方式，220 kV Ⅰ 、Ⅱ母线经母联 2212 开关并列运行。

220 kV Ⅰ 母线连接的回路有绥东线、东牵 # 1 线。

220 kV Ⅱ 母线连接的回路有城东线、岭东线、东牵 # 2 线（牵引站供电，本侧断路器在合位，对侧在开位备用）。

2. 故障过程描述

2012 年 10 月 31 日 8 时 28 分 07 秒，某 220 kV 开闭站 220 kV 城东线 C 相发生永久性故障，某 220 kV 开闭站侧最大故障电流 2544 A，城东线距离Ⅱ段及零序Ⅲ段保护动作，三相开关跳闸，随后重合成功，由于线路故障未消除，距离Ⅱ段及零序Ⅲ段保护加速动作，城东线开关拒动，8 时 28 分 10 秒失灵保护动作，某 220 kV 开闭站 220 kV Ⅱ母线连接的母联、岭东线、东牵 #2 线开关跳闸，对侧变电站城东线距离Ⅰ段及零序Ⅰ段保护动作，开关三相跳闸，某 220 kV 开闭站 220 kV Ⅱ母线停电，未损失负荷。

3. 故障设备基本情况

故障断路器型号为 LW10B-252H，额定电流为 4000 A，额定短路开断电流为 50 kA，河南平高电气股份有限公司 2007 年制造，2008 年 2 月投运。

2.8.2　故障检查情况

1. 外观检查

故障发生后，变电运维人员于 2012 年 10 月 31 日 9 时 10 分赶到某 220 kV 开闭站，对保护动作、后台信息及开关情况进行检查发现：220 kV 母联、岭东线、东牵 # 2 线开关三相在开位，城东线开关三相在合位。检查各开关 SF_6 压力及开关机构压力未见异常。

后台保护信息显示城东线在第一次故障重合闸时，同时出现"压力低禁止分闸"及"控制回路断线"信息。

上午 10 时将除城东线以外的其他回路送出，拉开城东线 2251 开关，拉开母线侧和线路侧隔离开关。

2. 试验验证

（1）保护动作情况。某 220 kV 开闭站城东线两套纵联保护动作，跳开 A、B、C 相开关，经 73 ms 后启动重合闸，重合成功，合闸后因故障未消除，距离 II 段加速出口跳 A、C 相，断路器未分闸。

220 kV 母差失灵保护动作，0.3 s 后跳开 220 kV 母联开关，0.5 s 后跳开东牵 #2 线、岭东线开关，II 母线失压。

对站断路器保护动作分闸。

（2）现场检查试验情况。现场对继电保护装置、二次回路及断路器进行了详细检查试验。继电保护及二次回路试验未见异常。断路器试验情况见表 2-8-1。

表 2-8-1　断路器实际闭锁压力试验　　MPa

相别	禁止重合闸	禁止合闸	禁止分闸
A	30	29.2	29
B	31	30	29.5
C	29.8	29.5	28.5

（3）对开关进行单独操作试验。断开开关操作直流，将断路器分、合闸线从开关场端子排断开，用开关特性试验仪测试，结果见表 2-8-2。开关特性试验仪厂家为西湖电子研究所。

表 2-8-2　断路器开关特性试验　　MPa

试验序号	试验项目	P_a	P_b	P_c
1	开关合闸，油泵打压，压力值升到停泵值	34.5	35.6	34.5
2	断开油泵电机电源，开关分闸，压力值下降	31.2	32	31
3	开关合闸，接通打压电源，电机打压，压力升到停泵值	34.5	35.6	34.5
4	做"分 –0.3s– 合分"试验后压力降到最低值	29	29	28

（4）将开关二次线恢复正常，用保护模拟重合到故障线路后跳闸过程（分 -2s 重合 - 分）。

试验条件：当开关合闸后进行，开关液压机构停泵压力 A 相 34MPa、B 相 35MPa、C 相 34 MPa，启泵压力 A 相 33.1 MPa、B 相 34 MPa、C 相 32.7 MPa，见表 2-8-3。

表 2-8-3　保护模拟重合闸跳闸过程试验

试验序号	开关机构压力值	试验情况	试验结果
1	开关机构打压到停泵压力 A 相 34 MPa；B 相 35 MPa；C 相 34 MPa	分 –2 s– 合分	正常
2	开关机构打压到停泵压力 A 相 34 MPa；B 相 35 MPa；C 相 34 MPa	分 –2 s– 合分	正常
3	开关机构打压到停泵压力 A 相 34 MPa；B 相 35 MPa；C 相 34 MPa	分 –2 s– 合分	正常
4	机构压力低于停泵压力，高于启泵压力 A 相 33.5 MPa；B 相 34.5 MPa；C 相 33.7 MPa	分 –2 s– 合分	正常
5	继续调低压力，接近启泵压力 A 相 33.1 MPa；B 相 34 MPa；C 相 32.7 MPa	分 –2 s– 合分	合闸正常，未分闸
6	A 相压力调最低，B、C 相压力正常 A 相 33.1 MPa；B 相 35 MPa；C 相 34 MPa	分 –2 s– 合分	正常
7	B 相压力调最低，A、C 相压力正常 A 相 34 MPa；B 相 34.1 MPa；C 相 34 MPa	分 –2 s– 合分	正常
8	C 相压力调最低，A、B 相压力正常 A 相 34 MPa；B 相 35 MPa；C 相 32.8 MPa	分 –2 s 合分	合闸正常，未分闸
9	C 相压力调最低，A、B 相压力正常 A 相 34 MPa；B 相 35 MPa；C 相 32.8 MPa	分 –2 s– 合分	合闸正常，未分闸
10	A、B 相压力正常，C 相压力上调 0.5 MPa A 相 34 MPa；B 相 35 MPa；C 相 33.3 MPa	分 –2 s– 合分	正常
11	A、B 相压力正常，C 相压力上调 0.2 MPa A 相 34 MPa；B 相 35 MPa；C 相 33 MPa	分 –2 s– 合分	正常

上述试验证明：当 C 相运行中机构压力降至启泵压力值附近值，做"分 –2s– 合分"试验时，压力降到闭锁分闸，即"先分闸，2 s 后重合成功，但再次分闸因压力闭锁失败"。

（5）厂家人员将机构压力整定值进行调整，结果见表 2-8-4。

表 2-8-4　调整后机构压力值　　　　　　　　　　　　　　　　　　　　　　MPa

相别	停泵	启泵	禁止重合闸	禁止合闸	禁止分闸
A	35	33	30	28	27
B	34.7	33	31	28	27
C	34.7	32.7	30.5	28	27

将三相机构压力调整到启动泵压力值（正常运行最低压力值），远方模拟重合到永久性故障线路上跳闸，进行了两次试验，开关动作正常。

2.8.3　故障原因分析

（1）本次故障直接原因为城东线线路发生永久故障，开关重合到故障线路上，机构分闸闭锁压力值与油泵启动压力值之差较小，机构压力降到分闸闭锁值导致未分闸。

（2）该组断路器 C 相分合闸操作后油压下降值较大，在 4 MPa 附近（在厂家说明书规定的最大值附近），而且具有一定分散性，厂家安装调试时压力调整存在偏差，运维人员验收试验时把关不严。

2.8.4　预防措施及建议

在交接试验、开关检修时进行由保护模拟在机构油泵启动压力值下的"分 –0.3 s– 合分"操作循环试验。

2.9　220 kV 断路器操作回路直流接地导致变电站全停故障

2.9.1　故障情况说明

1. 故障前运行方式

某 220 kV 变电站 220 kV、66 kV 侧主接线均采用双母线带侧路接线方式，变电站有 220 kV 出线 2 回，分别为沙于南、北线，接有 180MV · A 主变压器 2 台。

故障当日 220 kV 沙于北线停电，220 kV 沙于南线在 Ⅰ 母线运行，220 kV Ⅰ 、Ⅱ 母线并列运行，带 #1、#2 变压器，66 kV Ⅰ 、Ⅱ 段母线分列运行，母联备自投投入。2 台主变压器负荷 130 MW。

当时天气晴，变电站内无操作。

2. 故障过程描述

2012 年 11 月 2 日，某 220 kV 变电站作业内容为 220 kV 沙于北线停电保护装置定检，11 时 54 分，继电人员在做沙于北线第二套保护传动试验时，运行中的 220 kV 沙于南线跳闸，造成变电站全停电 32 min。

上午 11 时 53 分，继电保护人员正在控制室做沙于北线第二套纵联保护定检传动试验，当用保护试验仪模拟沙于北线接地距离二段保护动作跳断路器时，发现继电保护装置本身已经动作，但现场断路器未动作，一名作业人员到沙于北线第二套纵联保护盘后面用万用表检查测试时，运行中的沙于南线开关突然跳闸，远动装置打印动作记录如下：

11 时 53 分 58 秒 943 毫秒，沙于南线 A 相开关跳闸，开关非全相运行。

11 时 53 分 59 秒 957 毫秒，重合闸动作，沙于南线 A 相开关合闸。

11 时 54 分 00 秒 476 毫秒，沙于南线 A 相开关跳闸，未重合，开关非全相运行。

11 时 54 分 03 秒 232 毫秒，开关非全相保护动作，沙于南线 B、C 相开关跳闸，变电站全停。

查阅中控室监控系统，发现 11 时 57 分 30 秒 165 毫秒后控制室连续发生多次瞬间直流接地。

故障过程中，沙于南线保护装置无动作信息，录波图中也未见线路有故障信息，如图 2-9-1 所示。

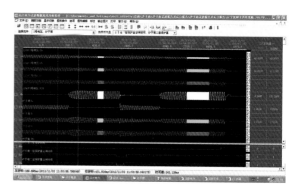

图 2-9-1　故障录波图

12 时 05 分，变电站值班员检查沙于南线开关及所属设备无异常后，汇报调度。

12 时 06 分，退出 66 kV 母联备自投，拉开一组二次、二组二次开关。

12 时 10 分，合上 #1 变压器、#2 变压器中性点刀闸，拉开一组一次、二组一次开关。

12 时 21 分，合上沙于南线 2254 开关。

12 时 26 分，检查变压器无问题，合上一组一次、二组一次、一组二次、二组二次开关。某 220 kV 变电站恢复供电，停电时间 32 min，损失电量 5.55 万 kW·h。

12 时 32 分，拉开 #1 变压器、#2 变压器中性点刀闸。

12 时 58 分，投入 66 kV 母联备自投，变电站恢复故障前运行方式。

3. 故障设备基本情况

故障断路器型号为 LW6-252，沈阳高压开关厂 1997 年产品，2010 年 4 月进行返厂大修，2010 年 4 月 23 日投入运行。投运以来未发生缺陷异常及事故跳闸。

2.9.2　故障检查情况

1. 保护检查试验情况

沙于南线第一套保护为国电南瑞继保公司生产，型号为 RCS931AM；第二套保护为北京四方公司生产，型号为 CSC103D。两套保护于 2009 年 4 月 7 日更换并投入运行。

（1）现场将沙于南线用其他母线带送，模拟故障发生时保护工作状态，在沙于南线、沙于北线开关均在合位时，分别模拟沙于北线 A、B、C 单相短路接地瞬时及永久性故障，并带开关进行整组传动。在做沙于北线第二套保护传动试验时，开关未动作，经二次检修人员将保护插件进行清扫后，整组传动正确。对沙于北线进行传动试验过程中（5 次），沙于南线保护及开关未动作。

（2）将沙于南线保护直流、操作直流开关置于合位，拉开沙于北线保护装置全部直流电源，在沙于北线保护及操作箱端子排进行直流电压测量，未发现有端子排带电现象。

（3）模拟沙于南线保护动作，传动沙于南线开关（3 次），开关及保护动作正确。

通过上述试验证明，沙于北线和沙于南线二次回路之间无电气联系，不存在寄生回路。

2. 断路器检查试验情况

（1）检修人员对断路器本体进行了全面检查，机构本体机械未发现异常，就地、远方操作开关正确。

（2）对沙于南线开关跳闸线圈动作电压进行测试，第一组跳闸线圈：A 相 78 V，B 相 86 V，C 相 82 V；第二组跳闸线圈：A 相 86 V，B 相 74 V，C 相 86 V，结果满足规程要求。

对沙于南线开关跳闸电阻进行测试，均在 145~147 Ω，结果符合要求。

（3）对断路器二次回路进行绝缘测试。使用 500 V 摇表对沙于南线保护屏内的操作回路进行了绝缘测试，各操作回路对地绝缘均为 1000 MΩ，操作回路之间绝缘均为 1000 MΩ，满足运行要求。

使用 1000 V 摇表对沙于南线保护屏至 B 相汇控柜的二次电缆的操作回路进行了绝缘测试，各操作回路对地绝缘均为 1000 MΩ，操作回路之间绝缘均为 1000 MΩ，满足运行要求。

使用 1000 V 摇表对 B 相汇控柜内的二次操作回路进行了绝缘测试，当测试 1D107 端子时（为三相不一致保护跳 A 相端子）绝缘电阻在 0~5 MΩ 往复，同时听到间歇性放电声，经检查，发现 B 相汇控柜第二号三相不一致继电器的 A 相跳闸端子至端子

图 2-9-2　断路器机构内部对地绝缘不良的具体位置

排的接线折弯处有绝缘破损，有小部位铜芯裸露，将该线与后背铁板分离后测试，回路绝缘恢复为 20 MΩ。

断路器机构内部对地绝缘不良的具体位置如图 2-9-2 所示。

2.9.3　故障原因分析

综合现场检查测试情况，分析沙于南线误跳闸的原因为：沙于南线 A 相断路器操作回路非全相保护回路 1 根接线外绝缘破损，存在绝缘不良的隐患，在二次专业人员对沙于北线进行保护定检过程中又造成直流正极接地，致使直流两点接地，沙于南线跳闸回路导通后开关跳闸。

2.9.4　预防措施及建议

（1）设备停电时要对二次接线全回路进行绝缘测试，并做好记录。

（2）设备交接验收时应对断路器机构箱内二次回路安装规范性进行细致验收检查。

（3）在变电站出现直流接地时应立即组织人员进行处理，防止发生另外一点接地造成设备误动。

2.10　500 kV 断路器气室进水导致绝缘盆子闪络故障

2.10.1　故障情况说明

1. 故障前运行方式

某 500 kV 变电站 500 kV 系统主接线方式为 3/2 接线；500 kV 第五串为不完整串，其余四串为完整串，如图 2-10-1 所示；故障前 500 kV Ⅰ 母线运行间隔有第五串联络、丰徐 #2 线、丰徐 #1 线、#1 主变一次、徐抚线；500 kV Ⅱ 母线运行间隔有白徐 #2 线、白徐 #1 线、徐张 #2 线、徐张 #1 线、#2 主变一次；500 kV Ⅰ、Ⅱ 母线经一至五串联络断路器合环运行。

图 2-10-1　500 kV 开关场

2. 故障过程描述

2015 年 1 月 18 日 2 时 31 分 03 秒 549 毫秒，某 500 kV 变电站 500 kV Ⅰ 母线母差保护动作，Ⅰ 母线元件（第五串联络 5052 断路器、丰徐 #2 线 5041 断路器、丰徐 #1 线 5031 断路器、#1 主变一次 5021 断路器、徐抚线 5011 断路器）跳闸，第五串 500 kV 白徐 #2 线同时跳闸，白徐 #2 线某 500 kV 变电站侧 5053 断路器，对侧 5032、5033 断路器跳闸后重合成功。某 500 kV 变电站 500 kV 开关场为敞开式设备，500 kV 断路器为罐式断路器。故障当时天气晴，无任何操作及作业。

2 时 31 分 03 秒 549 毫秒，500 kV Ⅰ 母线两套母差保护动作；

2 时 31 分 04 秒 747 毫秒，500 kV 白徐 #2 两套纵联保护动作；

2 时 31 分 05 秒 064 毫秒，白徐 #2 线 5053 断路器跳闸出口；

2 时 31 分 05 秒 589 毫秒，第五串联络 5052 断路器跳闸出口；

2 时 31 分 05 秒 680 毫秒，白徐 #2 线 5053 断路器重合闸动作；

2 时 31 分 05 秒 751 毫秒，白徐 #2 线 5053 断路器重合成功。

3. 故障设备基本情况

故障断路器为新东北电气公司生产，于 2014 年 7 月 25 日投运。

五串联络 5052 断路器于 2010 年 9 月完成基建安装，由于线路施工受阻未能投运。于 2014 年 7 月 3 日完成调试、验收与常规交接试验，试验数据均未见异常。2014 年 7 月 31 日，对该断路器进行微水及气体分解产物测试；10 月 9 日对其进行全面的带电检测，历次试验数据均未见异常。由于该组断路器投运时间未达到 1 年，故未进行例行检修试验。

2.10.2 故障检查情况

1. 外观检查

500 kV 五串联络 5052 断路器、丰徐 #2 线 5041 断路器、丰徐 #1 线 5031 断路器、#1 主变 #1 5021 断路器、徐抚线 5011 断路器在开位，其余断路器在合位，设备外观检查无异常。

2. 试验验证

对跳闸断路器进行 SF6 分解产物测试，发现 500 kV 第五串联络 5052 断路器 A 相 SO_2 气体含量为 1000 ppm，严重超标，B、C 相测试结果均为 0 ppm，其余断路器测试结果未发现异常，判断 5052 断路器 A 相内部出现短路故障。

3. 解体检查

隔离故障设备后，1 月 18 日 10 时 22 分，5052 断路器转检修状态。

10 时 40 分，开始进行故障设备 SF_6 气体回收，16 时 50 分，打开手孔和端盖，进行罐体内部检查。罐体内部覆盖一层白色金属氟化物粉尘，如图 2-10-2 及图 2-10-3 所示，断路器静侧（Ⅰ母线侧）粉尘厚度明显厚于断路器动侧（白徐 #2 线侧），罐体内未发现明显放电点和放电通道。断路器静侧盆子下表面光洁，未发现异常。

图 2-10-2　打开端盖检查设备内部

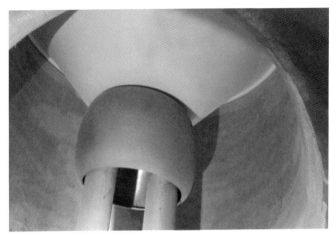

图 2-10-3　断路器静侧盆子下表面

1 月 19 日，将故障设备套管拔出，从过渡罐体上端开口对套管气室进行检查，发现断路器静侧盆子上表面闪络放电，盆子边缘罐体上已烧蚀出凹坑，如图 2-10-4 所示，断路器动侧盆子上下表面均无异常。

由于故障设备罐体内部白色金属氟化物粉尘较多，且弥漫在断路器灭弧单元零部件上，因此计划将该断路器返厂维修并彻底清理，进一步检查在制造厂内进行。

1 月 20 日，故障设备在制造厂内解体，检查闪络盆子表面爬闪，擦后表面光洁，绝缘电阻无穷大，套管静触头屏蔽罩底部烧损 1/3，导体连接部位无异常，如图 2-10-5 及图 2-10-6 所示。

另外解体中发现，与闪络绝缘盆子相连接的断路器静侧过渡罐体内壁发现一条明显的水迹，另一侧无异常，如图 2-10-7 所示。

图 2-10-4　断路器静侧盆子上表面

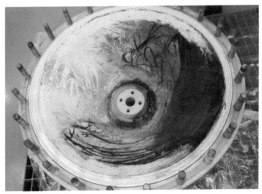

图 2-10-5　盆子上表面解体情况

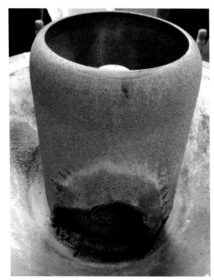
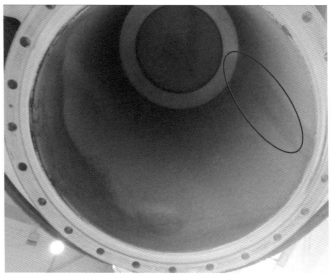

图 2-10-6　套管静触头屏蔽罩烧损　　　　图 2-10-7　断路器静侧过渡罐体内壁水迹

2.10.3　故障原因分析

（1）断路器静侧套管气室内部进水带入异物，在电场、振动、气流作用下移动排队，最终导致绝缘盆子运行中沿面闪络，是本次故障的直接原因。例行带电检测未发现异常，分析是由于水带入的异物较细小，刚刚带入后处于低场强位置，局放较小，带电检测不灵敏，待异物运动到高场强区域很快就发生故障，带电检测时不一定恰逢其时，也可能即使抓到也来不及处理，这也是目前带电局放检测手段的局限性所在。另外，由于冬季罐体加热器投入运行，设备内部 SF_6 气体循环加快，也可能是本次导致异物从低场强区运动到高场强区域的原因。

（2）从过渡罐体内壁发现的水迹分析，异物为过渡罐进水带入，从设备安装后的交接和例行两次微水测试结果来看，安装后该过渡罐微水含量较小（交接 82 ppm、例行 76.38 ppm），设备投运后至本次故障前也没有漏气缺陷，说明安装后没有进水可能，推断是在基建安装前进水，到安装时水迹已干。结合该断路器为 2008 年 2 月制造，2010 年 9 月安装，安装前放置了两年半的时间，分析认为过渡罐在基建安装前保存阶段临时封板密封不良，保存不当，导致罐内进水，这是导致本次故障的根本原因。

（3）设备在安装过程中，制造厂、安装单位没有认真制定安装工艺标准，没有及时发现和清理干净附着在罐体内壁的异物，监理单位把关不到位，是导致本次故障的主要原因。

2.10.4　预防措施及建议

（1）现场安装调试和检修时，必须采取有效防尘措施，罐体孔、盖打开时，必须使用防尘罩进行封盖。现场环境太差、尘土较多时应停止安装调试和大修，以防止水分、异物进入设备内部。

（2）设备装配、检修过程中，必须将水分、灰尘及铁屑等杂质从气室内清除干净。

2.11　500 kV 断路器交流串入直流导致跳闸故障

2.11.1　故障情况说明

1. 故障过程描述

2013 年 6 月 9 日 14 时 21 分 20 秒，某 500 kV 变电站 500 kV 四串联络 5042 断路器 B 相无保护动作跳闸，重合成功。

变电站后台监控系统显示 5042 断路器第二组出口跳闸，重合闸动作，#1 充电屏直流母线绝缘故障，其余无异常现象。

2. 故障设备基本情况

故障断路器型号为 550PM63-40，北京 ABB 公司 2011 年产品，机构采用液压弹簧，2011 年 10 月 28 日投运。

2.11.2 故障检查情况

1. 直流接地点查找

通过排查，发现 500 kV 电南线至 5042 断路器电缆（编号 42W-125）的 1 芯（233B—B 相第二组跳闸）对地绝缘为零。该电缆为电南线保护屏 II 至 5042 辅助屏的屏间电缆（共 7 芯，使用 6 芯），型号为 ZR- kVVP2，长度为 20 m。现场更换备用芯后，直流接地现象消失。

2. 保护装置及二次回路检查

对电南线和 5042 断路器的保护装置及二次回路进行检查，未发现异常现象和保护动作信息。

3. 直流绝缘检查装置检查

220 kV 保护小室 I 、II 段直流馈线屏在 14 时 20 分 55 秒和 14 时 20 分 00 秒，分别发生压差过大（直流接地：218 V），I 段 1 min 后复归。此时施工单位正在该室进行燕建 1 线第一套保护传动试验。

500 kV 保护小室 II 段直流馈线屏在 14 时 20 分 10 秒发生压差过大。14 时 21 分 19 秒，5042 断路器第二组操作电源接地告警。

4. 5042 断路器测试

5042 断路器进行机械和电气测试，未发现异常。B 相第二组跳闸线圈的动作电压为 100 V，满足要求（合格范围为 66~143 V）。

5. 其他

现场调试人员反映新建燕建 1 线断路器合闸时多次发生直流瞬间接地现象。原因是行程开关交流和直流共用一个动接点，如图 2-11-1 所示，致使断路器合闸储能时交、直流拉弧，交流瞬间串入直流而接地。断路器为新东北电气（沈阳）高压开关有限公司 2011 年产品，型号为 LW54A-252，弹簧机构。

控制储能电机交流接点

动接点

控制合闸回路直流接点

图 2-11-1　行程开关结构

2.11.3　故障原因分析

1. 5042 断路器跳闸原因分析

5042 断路器跳闸前，调试人员利用系统直流进行燕建 1 线保护带开关传动试验，致使交流串入直流（Ⅰ、Ⅱ段直流同时接地），5042 断路器 42W-125 电缆 233B 芯接地后直接跳闸，如图 2-11-2 所示。

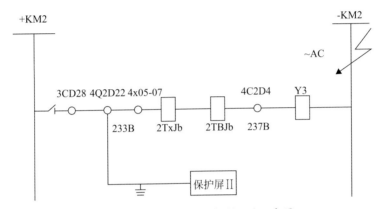

图 2-11-2　5042 断路器控制回路示意图

2. 5042 断路器 42W-125 电缆接地原因分析

42W-125 电缆在 2012 年 3 月进行过绝缘测试，测试结果合格。

由于控制电缆规程规定交流耐压 3000 V，5 min 绝缘应无击穿现象，串入交流 220V 不会破坏绝缘，因此该电缆 233B 芯串入交流后绝缘即刻破坏，说明原电缆绝缘存在薄弱点，具体薄弱原因待电缆更换后查找。

3. Ⅰ、Ⅱ段直流混联原因

燕建 1 线第一套保护采用Ⅱ段直流，第二套保护采用Ⅰ段直流，操作电源两段直流都用，合闸回路采用Ⅰ段直流。跳闸时，送变电公司利用系统直流进行第一套保护带开关传动试验，造成Ⅰ、Ⅱ段直流混联。

2.11.4　预防措施及建议

（1）在新设备调试时，使用与运行直流参数匹配的调试直流，严禁使用变电站运行直流进行调试，以免影响运行安全。

（2）新建或改造的变电站直流系统绝缘监测装置应具备交流串直流的故障测记及报警功能。

（3）保护定检时必须进行二次回路绝缘测试。经长电缆（300 m 及以上）跳闸的回路，应采取防止长电缆分布电容影响和防止出口继电器误动的措施。加大出口继电器的动作功率，抵御外部干扰。

第3章 组合电器故障案例汇编

3.1 66 kV 组合电器电压互感器铁磁谐振故障

3.1.1 故障情况说明

1. 故障前运行方式

某 220 kV 变电站 220 kV 侧 Ⅰ、Ⅱ 母线并列运行，220 kV 绥马线、马昌线、#1 主一次在 Ⅰ 母线运行；220 kV 杨马线在 Ⅱ 母线运行，#2 主一次在 Ⅱ 母线热备用。

66 kV 侧 Ⅰ、Ⅱ 母线并列运行，66 kV #1 主二次、马铁线（至马道铁矿）、马家 #1 线及 #2 线（至八家子变）、#2 站用变在 66 kV Ⅰ 母线运行，66 kV 马建 #1 线在 66 kV Ⅰ 母线热备用，马建 #2 线（至昌一变）在 66 kV Ⅱ 母线运行。

2. 故障过程描述

故障概况及录波显示，2011 年 4 月 29 日 7 时 55 分、14 时 04 分、14 时 09 分、14 时 29 分，该 220 kV 变电站监控后台分别报 4 次"66 kV 母线接地"信号，前三次接地均在 200 ms 左右复归，第四次接地时间较长，直至该 220 kV 变电站 66 kV 系统发生分频谐振。

2011 年 4 月 29 日 14 时 58 分 58 秒 366 毫秒，变电站 66 kV 系统电压出现 1/2 分频。2011 年 4 月 29 日，该 220 kV 变电站 66 kV 系统 Ⅰ 母、Ⅱ 母 PT 分别于 15 时 05 分 17 秒 499 毫秒、

15 时 06 分 02 秒 359 毫秒发生短路故障，短路电流 10.56 kA，66 kV 母差保护动作，造成 66 kV Ⅰ、Ⅱ 母线相继失电，损失负荷 31680 kW·h。当天，马道岭地区雷雨并伴有大风天气。

分频谐振导致三相电压交替升高，峰值达到 114 kV，一直持续到 PT 内部发生短路，故障跳闸，录波图如图 3-1-1 所示。

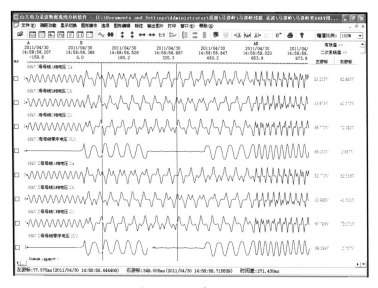

图 3-1-1　故障录波图

3. 故障设备基本情况

故障设备型号为 ZF6-72.5，新东北电气集团有限公司 2009 年 10 月生产，2010 年 8 月投运。

3.1.2　故障检查情况

运行人员现场检查发现：66 kV #1 主二次开关、母联开关、马家 #1 线及 #2 线开关、马建 #2 线开关、马铁线开关、#2 站用变开关在开位；66 kV Ⅰ、Ⅱ 母 PT 气室以及 Ⅰ、Ⅱ 母 PT 间隔母线刀闸过渡罐气室的 SF$_6$ 气体压力都降为零，两 PT 间隔母线刀闸气室内 SF$_6$ 气体压力正常，两 PT 气室与母线刀闸过渡罐气室之间的盆式绝缘子多处开裂，其余未见异常，如图 3-1-2 及图 3-1-3 所示。

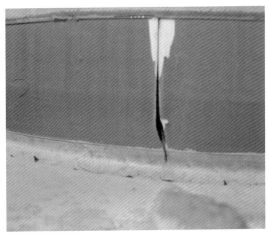

图 3-1-2　Ⅰ母线 PT 绝缘盆子　　　　　图 3-1-3　Ⅱ母线 PT 绝缘盆子

3.1.3　故障原因分析

本次故障的直接原因为 66 kV 系统接地引发 1/2 分频铁磁谐振，导致 PT 过励磁，电流估计可达正常励磁电流的几十倍，致使 PT 严重过热，导致绝缘击穿。

两台故障 PT 为日新（无锡）机电有限公司产品，电压系数为 1.5 U_n、30 s，不符合 GB 20840.3—2013 中对中性点非有效接地系统 PT 电压系数选择（1.9 U_n、8 h）的要求，这是本次故障的主要原因。

该两台 PT 选型不符合要求的原因是当前国家电网公司物资采购固化技术规范中对 66 kV 组合电器中 PT 电压系数的要求标准为：1.5 U_n、30s。

3.1.4　预防措施及建议

（1）建议招标技术固化规范中对 66 kV GIS 设备内电压互感器技术要求更改为：电压系数为 1.2 U_n，连续；1.9 U_n、8 h。

（2）在进行现场交接试验时，对 66 kV 电磁式电压互感器的励磁曲线最高测量点为 190% × U_n。

3.2　66 kV 组合电器隔离开关触头接触偏心故障

3.2.1　故障情况说明

1. 故障前运行方式

220 kV 王崔线、#1 主变在 220 kV Ⅰ 母线运行；崔东线在 220 kV Ⅱ 母线运行，#2 主变在 Ⅱ 母线热备用；220 kV 母联在合位，Ⅰ 母线、Ⅱ 母线并列运行。

66 kV 运行方式：66 kV Ⅰ 母线带 #1 主二次、崔采南线、崔选南 / 北线、#1 站用变、#1 电容器运行；66 kV Ⅱ 母线带崔采北线、鞍崔 #1 线、鞍崔 #2 线、#2 电容器运行；66 kV 母联开关在合位，Ⅰ 母线、Ⅱ 母线并列运行。

崔采南、北线代鞍钢矿山用户侧 #17 变压器运行。

2. 故障过程描述

2011 年 5 月 12 日 21 时 13 分，66 kV 崔采南线带 #1 主变有异声，66 kV 崔采南线 A 相验电无电压，操作队在该变电站检查 66 kV 母线三相电压正常，检查崔采南线 GIS 线路带电装置 A 相无电压，用验电器在崔采南线 A 相出口验电无电压，其他两相正常。对 GIS 进行检查，SF$_6$ 分解产物测试结果异常，初步判断 66 kV 崔采南线间隔 Ⅰ 母刀闸 A 相出现断线故障。

3. 故障设备基本情况

故障设备为 ZF12-72.5(L) 型户外组合电器，河南平高电气股份有限公司 2008 年 12 月生产，2010 年 5 月 26 日投运。

3.2.2　故障检查情况

1. 试验验证

（1）由于此间隔配有出线套管，因此选择线路出口引线套管经由线路刀闸、电流互感器、开关、开关与 I 母刀闸间接地刀闸的路径进行了回路电阻测试。测试结果为 A 相 264.59 μΩ、B 相 316 μΩ、C 相 311 μΩ，分析此部分连接主回路电气连通性良好，差别是由于测试线夹掐接位置的接触电阻造成的，测试过程中分、合开关和刀闸时未听见异常声响。

（2）将线路刀闸至电流互感器间接地刀闸接地连片拆除，在此位置经由线路刀闸至电流互感器间接地刀闸、电流互感器、开关、I 母刀闸、I 母线、I 母线接地刀闸的路径进行回路电阻测试，测试结果为 A 相开路、B 相 1866 μΩ、C 相 2379.1 μΩ，分析 B、C 相电气连通性良好，差别是由于测试线夹掐接位置的接触电阻及回路上各连接触点电阻叠加造成的；A 相开关、I 母刀闸、I 母线间没有电气连通。

（3）对该变电站 66 kV 组合电器的各气室进行了 SF_6 分解产物测试，发现 66 kV 崔采南线间隔 I 母刀闸气室 SO_2 及 H_2S 含量达 189 ppm，严重超标，其余气室正常。

2. 解体检查

现场开盖检查，发现崔采南线间隔 I 母刀闸气室内充满 SF_6 分解产物粉尘，刀闸 A 相动静触头之间断线，如图 3-2-1 所示；进一步细致检查，发现 A 相静触头上烧蚀痕迹也呈偏心形态，一侧烧蚀特别严重，如图 3-2-2 所示；A 相动触头也有烧蚀痕迹，如图 3-2-3 所示；B 相静

图 3-2-1　A 相动静触头断线

图 3-2-2　A 相静触头烧蚀痕迹

触头上有明显动触头偏心合闸后产生的压痕，如图 3-2-4 所示。

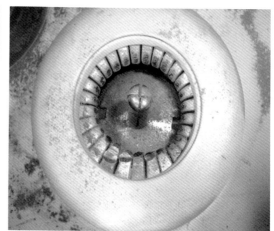

图 3-2-3　A 相动触头烧蚀痕迹　　　　　　图 3-2-4　B 相静触头的压痕

3.2.3　故障原因分析

故障的直接原因为该气室内分支母线导体安装固定在两侧盆子上时，与刀闸动触头拉杆配合不良，导致刀闸动触头拉杆在穿过该导体与静触头接触时偏心，合闸不到位，接触不良，A 相最为严重，在长期运行中不断放电，最终断线。

由于该部分装配在设备安装时由制造厂整体运输到现场，现场不进行调试，该故障原因为制造厂出厂时安装工艺不良所致。

3.2.4　预防措施及建议

对同类刀闸进行机构检查，查看分合闸后机构内机械位置是否完全到位。

3.3 ⚡ 220 kV 组合电器现场绝缘试验击穿故障

3.3.1　故障情况说明

1. 故障过程描述

某 500 kV 变电站 220 kV 系统为双母双分段接线，2013 年基建工程安装。该设备在调试过程中出现多次交流耐压绝缘击穿放电现象，定位 5 处放电故障点并进行了解体处理。

2. 故障设备基本情况

故障设备型号为 ZF6A-252，由新东北电气（沈阳）高压开关有限公司生产，为 2013 年 5 月产品，2013 年 10 月安装。

3.3.2　故障检查情况

（1）燕铧二线出线套管 B 相盆式绝缘子击穿、开裂，如图 3-3-1 及图 3-3-2 所示（加压至 368 kV、40s 时放电）。

图 3-3-1　击穿气室外观

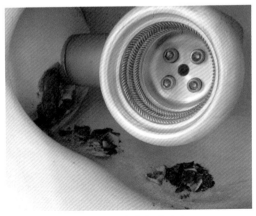

图 3-3-2　击穿气室内部

（2）Ⅲ、Ⅳ母联 B 相断路器至 CT 间下盆式绝缘子（Ⅲ母侧）沿面放电，如图 3-3-3、图 3-3-4 所示（电压刚加至 368 kV 时发生放电）。

图 3-3-3　放电气室外观位置

图 3-3-4　绝缘盆子放电位置

（3）Ⅰ母线 C 相跨接分支母线横置盆式绝缘子沿面放电，如图 3-3-5、图 3-3-6 所示（电压加至 168 kV 时放电）。

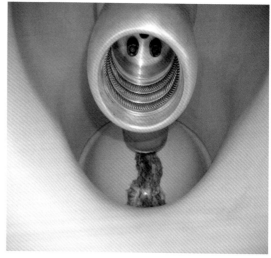

图 3-3-5　Ⅰ母线 C 相横置盆式绝缘子外观

图 3-3-6　Ⅰ母线 C 相横置盆式绝缘子内部

（4）Ⅰ母线 B 相跨接分支母线横置盆式绝缘子沿面放电，如图 3-3-7、图 3-3-8 所示（电压加至 420 kV 时放电）。

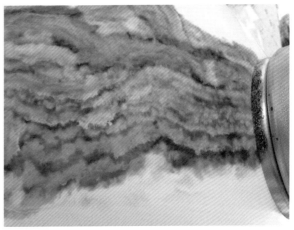

图 3-3-7　Ⅰ母线 B 相横置盆式绝缘子外观　　　　图 3-3-8　Ⅰ母线 B 相横置盆式绝缘子沿面放电

（5）Ⅰ母线 A 相跨接分支母线横置盆式绝缘子沿面放电，如图 3-3-9 所示（电压加至 420 kV 时放电）。

3.3.3　故障原因分析

下面从 5 处故障点位置和放电形态进行分析。

（1）5 个放电盆子中，1 个是出线竖置盆式绝缘子破碎放电，1 个是开关竖置盆式绝缘子沿面放电，3 个为Ⅰ母线跨接分支母线横置盆式绝缘子沿面放电。

图 3-3-9　Ⅰ母线 A 相跨接分支母线横置盆式绝缘子沿面放电

（2）5 个放电盆子中，1 个为现场安装对接面（燕铧二线出线套管 B 相盆式绝缘子），其余 4 个盆式绝缘子均为厂内装配，但在现场安装进行吸附剂更换等工作时，这些部位所在的气室均打开过。

（3）5 个放电盆子中，有 3 处故障点出现在Ⅰ母线跨接分支母线处。

（4）现场耐压前，对所有气室的阀门状态、气室压力进行了检查确认，不存在由于气室 SF_6 气体压力低造成放电的可能。

（5）耐压试验前的微水测量结果显示，所有气室的微水含量都在合格范围内，不存在由于微水含量超标造成放电的可能。

（6）在解体检修及现场更换处理过程中，对所有与盆式绝缘子连接的零部件进行了一次彻底检查，没有发现装配不当及零部件松动、掉落的现象，可以排除由于与盆式绝缘子连接零部件（屏蔽罩、导体、螺栓等）装配或质量有缺陷导致放电的可能。

（7）5 个盆式绝缘子及装配单元出厂时通过了严格的厂内试验（工频耐压试验、局部放电试验、探伤试验及装配单元出厂试验），满足技术要求，可以基本排除盆式绝缘子内在质量缺陷问题。

综上分析认为：

（1）燕铧二线分支母线 B 相盆式绝缘子放电为击穿放电，没有发现内部的任何组织缺陷，其从导体根部开裂，表面呈外力致裂放射状，方向性明显。此处对接口为现场对接，在现场安装过程中，距离较长，导体间形成悬臂杠杆，吊车的视线受限，合口动作幅度过大，会形成较大应力，导致盆式绝缘子中心导体受弯力，与树脂连接处出现裂纹，最终导致耐压时绝缘性能降低发生放电。

（2）另外 4 个放电点均为表面爬电现象，对其表面进行擦拭即可消除放电痕迹，分析原因之一为盆式绝缘子表面附着灰尘杂质造成，灰尘杂质可能是现场安装时从对接口或手孔盖进入，也可能是厂内装配时在厂内车间混入；原因之二为盆式绝缘子金属导体在进行连接时，涂抹的导电脂过量，导电脂沿着盆式绝缘子表面流淌，导致电场畸变造成。

3.3.4 预防措施及建议

（1）由于 Ⅰ 母线跨接分支母线处出现了 3 处故障点，故障点比较集中，因此应对未发生放电的 Ⅱ 母线跨接分支母线全部盆式绝缘子进行检查，重点检查是否存在尘埃、导电脂等杂物。

（2）由于本次 4 处绝缘盆子沿面放电痕迹形态与普通盆式绝缘子击穿不同，击穿通道呈多个水流同时而下的瀑布形状，颜色褐黄，应开展尘埃、导电脂等各种杂质条件对绝缘耐受水平影响的模拟试验，为故障分析提供依据。

3.4 　220 kV 组合电器隔离开关接触不良故障

3.4.1　故障情况说明

1. 故障前运行方式

2015 年 2 月 3 日 11 时 43 分，故障发生前某 220 kV 变电站 220 kV 双母线并列运行，220 kV Ⅰ母线接瓦双甲线、#3 主一次、预留双铁甲（未投运），Ⅱ母线接瓦双乙线、#2 主一次、预留双铁乙（未投运），母联在合位；66 kV 双母线分列运行，66 kV Ⅰ母线供电复双左线、双华左线、#1 站用变、#1 电容器，Ⅱ母线接复双右线、双华右线、#2 电容器，母联在分位，66 kV 母联备自投启用中。

2. 故障过程描述

某 220 kV 变电站 220 kV 母线保护Ⅰ母线差动动作，220 kV 瓦双甲线、母联、#3 主一次断路器跳闸，220 kV Ⅰ母线失压，66 kV 母联备自投动作，跳开 #3 主二次断路器，合上 66 kV 母联断路器，未损失负荷。故障时天气良好，双西变无作业及操作，该变电站于 2015 年 1 月 31 日 02 时新投产。

3. 故障设备基本情况

设备型号为 ZF16-252，由泰开公司生产，2013 年 4 月出厂，2015 年 1 月 31 日投运。额定电流为 4000 A，额定短路开断电流为 50 kA。

3.4.2　故障检查情况

1. 外观检查

220 kV DB 线、GD #1 线、JD #1 线、#1 母联、ⅠⅢ分段开关在开位；GD #2 线开关在合位；

未见其他异常。

2. 试验情况

对 220 kV Ⅰ 母线、瓦双甲线、#3 主一次、预留双铁甲、瓦双乙线、#2 主一次、预留双铁乙、母联间隔设备进行外观检查，未发现异常。对 220 kV Ⅰ 母线所连接的 HGIS 设备各气室进行 SF_6 分解产物测试，发现 #3 主一次间隔 Ⅰ 母刀闸气室 SO_2 含量为 135.8 ppm（标准为不大于 1 ppm），H_2S 含量为 45.7 ppm（标准为不大于 1 ppm），严重超标，其余气室均正常，判断 #3 主一次间隔 Ⅰ 母刀闸 B 相内部发生短路故障。

3. 解体检查

2 月 4 日，将该变电站负荷倒至其他变电站，220 kV 全停电进行故障处理。打开 #3 主一次间隔 Ⅰ 母 B 相刀闸单元，发现气室内部出现大量灰白色粉尘，主刀动静触头接触不良，动触杆过热变色，刀闸单元与过渡罐之间的竖直隔盆 3/4 外表面（下部）闪络烧黑，隔盆连接导体下表面与底部对应单元壳体上出现大面积烧蚀痕迹，如图 3-4-1~ 图 3-4-4 所示。动触头距离顶面 5 mm 处出现长达 1/3 圆周、最深达 2 mm 的烧蚀沟痕，静触头对应部位也出现最深达 3 mm 的烧蚀沟痕。

图 3-4-1　故障 HGIS 刀闸气室内部

对 B 相主刀进行动触头插入深度测量，机构合位时动触头顶部与法兰距离为 70 mm，如图 3-4-5 所示，静触头屏蔽罩顶部与法兰距离为 90 mm，如图 3-4-6 所示，两者差值工艺标准为（32±3）mm。可见，动触头插入深度偏差较大。动、静触头烧蚀情况如图 3-4-7 及图 3-4-8 所示。

将故障刀闸单元的快速操作机构拆掉，对 A、C 两相进行动触头插入深度测量，符合工艺标准要求。

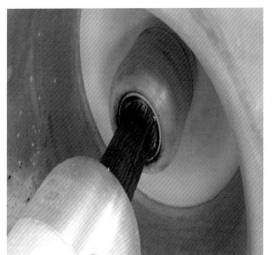

图 3-4-2　故障刀闸动静触头接触不良

图 3-4-3　竖直隔盆及壳体内部烧蚀情况

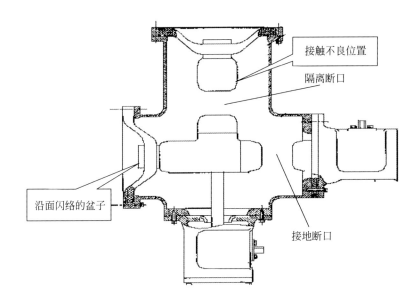

图 3-4-4　接触不良刀闸单元结构图

图 3-4-5　机构合位动触头顶部与法兰距离

图 3-4-6　静触头屏蔽罩顶部与法兰距离

图 3-4-7　动触头烧蚀

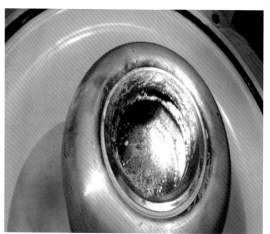

图 3-4-8　静触头烧蚀

测试故障刀闸三相动、静触头机械尺寸，数据见表 3-4-1，无明显异常。

表 3-4-1　故障刀闸三相动、静触头机械尺寸测试数据 　　　　　　　　mm

项目	尺寸	标准	备注
A 相动触头外径	57.9	58	正常工况
A 相静触头内径	56.6	56.5	正常工况
B 相动触头外径	57.9	58	正常工况

续表

项目	尺寸	标准	备注
B 相静触头内径	57.2	56.5	烧蚀后测量
C 相动触头外径	57.9	58	正常工况
C 相静触头内径	56.6	56.5	正常工况

　　查交接试验报告，可知该单元回路电阻数值符合制造厂规定标准。检查故障刀闸单元的操作机构无异常，如图 3-4-9 所示，传动拉杆各部螺栓、轴销紧固，拉杆无变形变位，销针无缺失。

　　将故障刀闸单元的操作机构、传动拉杆拆下，对 B 相刀闸主拐臂不带拉杆进行分合操作，主拐臂合位时动触头顶部与法兰距离 60 mm，插入深度符合工艺标准要求，如图 3-4-10 所示。

图 3-4-9　#3 主一次间隔 I 母刀闸操作机构

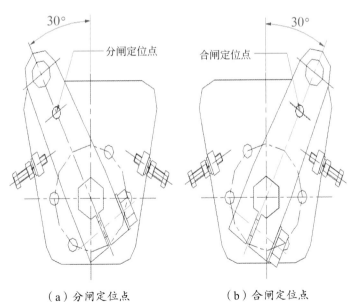

（a）分闸定位点　　　　　（b）合闸定位点

图 3-4-10　主拐臂不带拉杆进行分合操作示意图

3.4.3　故障原因分析

经调查，故障刀闸单元是在制造厂内完成装配和调试后三相整体运输到现场的。

造成本次故障的直接原因是 #3 主一次间隔Ⅰ母刀闸 B 相合位时，动触头插入深度不够，造成动静触头接触不良，在负荷电流（80A）的作用下，接触部位发生过热，产生 SF_6 分解产物和金属飞溅，使绝缘盆子表面受到污染，最终发生沿面闪络击穿。

造成本次故障的根本原因是制造厂厂内装配工艺不良、现场调试工艺标准执行不到位、质量管控存在漏洞。出厂时 B 相刀闸主拐臂传动拉杆调整不当，导致主拐臂向分闸侧偏离；在现场调试过程中，安装服务人员未严格执行检查刀闸主拐臂定位点是否偏离的工艺标准，没有及时发现定位点位置发生偏离。

3.4.4　预防措施及建议

利用检查刀闸机械位置定位点的专用工具，对同型产品进行隔离开关机械位置的全面检查。

3.5　220 kV 组合电器主绝缘闪络故障

3.5.1　故障情况说明

1. 故障前运行方式

故障前某 500 kV 变电站 220 kV 电气主接线为双母线双分段接线方式，Ⅰ、Ⅱ母联，Ⅰ、Ⅲ分段，Ⅲ、Ⅳ母联，Ⅱ、Ⅳ分段环并运行，220 kV 南吴甲线、南湾线、南钢线运行于Ⅰ母线。

2. 故障过程描述

2014 年 9 月 23 日 14 时 29 分 38 秒，试验人员在进行 220 kV #1 主二次断路器例行试验过程中，误合 220 kV #1 主二次 HGIS Ⅰ 母隔离开关，造成 220 kV Ⅰ 母线运行中接地失压。保护装置显示，14 时 29 分 38 秒 604 毫秒，220 kV Ⅰ、Ⅱ 母线保护 Ⅰ 屏、保护 Ⅱ 屏动作，60 ms 切除 220 kV Ⅰ 母线上所有组件，故障相别为 B 相，一次故障电流为 37.609 kA。

3. 故障设备基本情况

故障设备型号为 3AP1DTCSM52，由西门子公司生产，2009 年 3 月出厂，2009 年 9 月 5 日投运。

3.5.2　故障检查情况

2014 年 9 月 24 日，检修人员打开故障设备三相 Ⅰ 母隔离开关气室的手孔盖，进行内部检查发现，A、C 两相气室内部光亮如新，无任何异常。B 相气室内部弥漫着大量 SF_6 分解产物粉尘，触头金属部分存在严重烧蚀痕迹，如图 3-5-1~ 图 3-5-3 所示。

根据开孔检查结果及故障录波图判断，故障时只有 B 相气室内部发生了放电。将 A、C 两相复装，对 B 相 Ⅰ 母隔离开关气室进一步拆解，如图 3-5-4~ 图 3-5-6 所示。

从解体情况看，隔离开关单元由于存在触头严重烧蚀已无法继续使用，延长罐单元经现场简单清理后可以继续使用，套管单元结构复杂，需经全面细致的专业清洗后方可使用。

9 月 25 日晚间，将一相出线套管和隔离开关单元备品运抵现场，经过安装、调试并试验合格后，9 月 27 日 19 时 30 分，#1 主二次 HGIS 送电良好。

图 3-5-1　A 相 Ⅰ 母隔离开关气室内部

图 3-5-2　C 相 Ⅰ 母隔离开关气室内部

图 3-5-3　B 相 I 母隔离开关气室内部

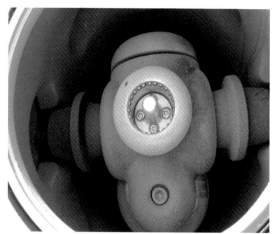

图 3-5-4　B 相 I 母隔离开关单元

图 3-5-5　B 相 I 母延长罐单元

图 3-5-6　B 相 I 母出线套管单元

3.5.3　故障原因分析

故障前，220 kV I 、II 母线均有电。由于西门子 3AP1DTCSM5 型 HGIS 设备断路器两侧接地隔离开关无外引接地端子，检修人员在做断路器机械特性试验时，需要合上线路侧隔离刀闸，利用线路侧出线端子接测试引线。由于受 II 母接地刀闸在合位的闭锁，线路侧隔离刀闸无法正常合闸，现场检修人员根据刀闸操作原理图，计划采用跳过 II 母接地刀闸合位闭锁接点，在"16"端子点加正电进行线路侧隔离刀闸合闸。联系运行人员合上 HGIS 隔离开关控制空开后，变电检修班技术员开始进行操作，在操作过程中，正电引线误碰 I 母隔离开关合闸回路端子"66"，导致 I 母隔离开关合闸，220 kV I 母线通过 II 母接地刀闸接地。

故障设备修复后，检修人员对 I 母隔离开关进行了合闸同期测试，B 相隔离开关合闸速度最快，超过最慢的 A 相 64 ms。分析 A、C 两相隔离开关故障时未受损的原因是由于合闸速度慢于 B 相。

3.5.4　预防措施及建议

西门子公司在二次设计时将同间隔的多台刀闸、地刀电机电源由同一空开集中控制，误碰、误触的客观风险较大。制造厂应在二次设计时将同间隔的多台刀闸、地刀电机电源实现独立控制。

3.6　220 kV 组合电器隔离开关绝缘拉杆击穿故障

3.6.1　故障情况说明

1. 故障前运行方式

故障前某 220 kV 变电站 220 kV 双母线并列运行，220 kV I 母线接爱繁 #1 线、#1 主一次、沙爱 #1 线（热备用），II 母线接爱繁 #2 线、#2 主一次（热备用）、沙爱 #2 线（热备用），母联在合位。

2. 故障过程描述

2015 年 3 月 31 日 19 时 07 分，该 220 kV 变电站第一套、第二套 220 kV 母线保护 II 母线差动保护动作，220 kV 爱繁 #2 线、母联开关跳闸，220 kV II 母线失压，无负荷损失（正常负荷为 4500kW）。故障时天气良好，无作业及操作。该变电站于 2013 年 12 月 2 日投产。

由故障录波情况可知，故障时刻为 2015 年 3 月 30 日 19 时 07 分 38 秒 276 毫秒，故障电流为 17.1kA，故障相别为 B 相。后台无其他异常信号，220 kV 开关场未发现异物，HGIS 外观无异常。

试验人员对与 220 kV Ⅱ母线所连接间隔气室逐个进行 SF₆ 分解产物测试，发现热备用的 220 kV 沙爱 #2 线Ⅱ母线隔离／接地刀闸气室 SO₂ 含量为 600 ppm，初步判断该气室内部发生对地短路故障。

3. 故障设备基本情况

故障设备型号为 ZF16-252，由泰开公司生产，2013 年 2 月产品，2014 年 5 月投运。

3.6.2 故障检查情况

2015 年 4 月 2 日，将 220 kV 沙爱 #2 线 HGIS 与 220 kV Ⅰ、Ⅱ母线断引，开始进行解体检查维修。

打开Ⅱ母 B 相隔离／接地刀闸单元，发现气室内部烧蚀严重，出现大量灰白色粉尘，主刀分合操作绝缘拉杆绝缘击穿，高电位侧表层开裂，开裂处内部纤维布上有一条清晰的树枝状爬电痕迹，如图 3-6-1、图 3-6-2 所示。绝缘拉杆邻近的接地刀闸静触头屏蔽罩上及底部壳体上出现明显放电烧蚀痕迹，如图 3-6-3 所示。

图 3-6-1 故障气室内部烧蚀

解体后检查还发现，故障单元主隔离刀闸动、静触头有烧蚀痕迹，如图 3-6-4 所示。进一步检查主刀动、静触头插入深度为 25 mm，制造厂工艺标准为（32±3）mm，插入深度不足，如图 3-6-5 所示。

因烧损绝缘件绝缘电阻测量值小于 5 MΩ，故不进行耐压局放试验，将 A、C 两相绝缘拉杆返厂进行耐压和局放测试，测试结果为 460 kV、2 pC，满足设计要求。

图 3-6-2 绝缘拉杆高电位侧表层开裂

图 3-6-3 绝缘拉杆烧蚀

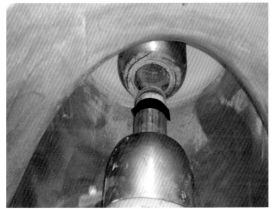

图 3-6-4 动、静触头烧损

图 3-6-5 动、静触头插入深度测量

3.6.3 故障原因分析

本次故障原因分析为故障单元主刀分合操作绝缘拉杆制造工艺不良，内部存在潜伏性缺陷，在运行电压的作用下产生局部放电，逐步发展最终导致绝缘击穿。

交接试验中，220 kV 沙爱 #2 线主回路直流电阻测试合格，投运一年以来，故障刀闸主回路处于备用状态，未流过负荷电流；2 月 15 日带电检测中，故障单元未发现异常；解体后检查，动触杆上无长期过热引起的发红变色等现象。综上分析认为，故障刀闸动静触头烧损是由于动触头插入深度不到位导致接触面积不足，流过短路故障电流时烧伤。

3.6.4 预防措施及建议

对同类型产品进行全面检查，确定动触头插入深度合格后紧固螺母并涂螺纹胶进行固定，并标记固定位置。

3.7 220 kV 组合电器导电杆接触不良故障

3.7.1 故障情况说明

1. 故障过程描述

2012 年 4 月 10 日 15 时 23 分 21 秒 541 毫秒，宁胜 #2 线纵联保护动作，开关跳闸，重合失败，故障相别为 C 相，故障电流为 21.6kA，故障测距为距某 220 kV 变电站 0.0537 km。故障发生时为大风天气，系统无操作。

输电专业组织巡线，未见异常。16 时 24 分，按调度令由对侧试送宁胜 #2 线，失败。19 时 37 分，检修人员将某 220 kV 变电站侧 220 kV 组合电器宁胜 #2 线 C 相出线套管断引后，由对侧试送宁胜 #2 线，成功。

初步判断某变 220 kV 组合电器宁胜 #2 线 C 相开关至出线套管之间绝缘闪络。外观检查所有气室 SF_6 压力表指示正常，未发现 GIS 壳体有烧蚀、过热及油漆起皮现象，如图 3-7-1 所示。

图 3-7-1 故障设备外观

2. 故障设备基本情况

故障设备型号为 ZF16-252，由山东泰开高压开关有限公司生产，为 2008 年 10 月产品，2009 年 7 月 31 日投运。

3.7.2　故障检查情况

1. 试验验证

4 月 11 日，试验人员对该间隔进行 SF$_6$ 分解产物测试，测试结果见表 3-7-1。

表 3-7-1　宁胜 #2 线 SF$_6$ 分解产物测试结果

试验日期	相别	气室名称	SO$_2$+SOF$_2$	H$_2$S	HF	CO	H$_2$O	备注
2011-04-20	C 相	断路器（CT）气室	0.24	0	0	2.5	78	
2012-04-10			38.75	0	0	3.8	80	
2011-04-20		进线套管气室	0.04	0	0	2.6	46	
2012-04-10			9.12	0	0	3.4	38	
2011-04-20	B 相	断路器（CT）气室	0.24	0	0	1.8	65	
2012-04-10			1.90	0	0	3.6	52	
2011-04-20		进线套管气室	0.03	0	0	3.6	46	
2012-04-10			1.90	0	0	3.1	47	
2011-04-20	A 相	断路器（CT）气室	0.05	0	0	0.5	38	
2012-04-10			1.80	0	0	4.9	45	
2011-04-20		进线套管气室	0.04	0	0	2.6	46	
2012-04-10			0.47	0	0	2.7	51	

4 月 11 日，试验人员对宁胜 #2 线组合电器三相出线套管至开关断口间导体对地绝缘电阻进行测试，如图 3-7-2 所示，结果为：A、B 两相数值达到 10000 MΩ 以上，C 相数值为 5000 MΩ；进行交流耐压测试，当电压升至 31 kV 时，C 相绝缘击穿，复测 C 相绝缘电阻为 0。

初步判断故障部位在 C 相出线气室内，断路器灭弧室出现分解产物测试数据异常，分析为开断故障电流所致。

图 3-7-2　绝缘电阻测试位置

2. 解体检查

4 月 12 日，现场进行故障气室解体检查，C 相出线套管底部的四通单元为故障单元。

解体发现内部导体和壳体上有多处电弧灼烧痕迹，出线气室内出现大量金属氟化物固体粉尘；故障单元绝缘盆子上有 0.1 mm 宽的电弧击穿弧道；出线套管导电杆底部装配的铜镀银触头与铝质导电杆连接部位出现多处烧蚀孔洞，如图 3-7-3~图 3-7-7 所示，其中面积最大的约为 30 mm^2。

图 3-7-3　故障气室电弧灼烧损坏导体（一）

图 3-7-4　故障气室电弧灼烧损坏导体（二）

图 3-7-5　故障气室导体内固体粉尘

图 3-7-6　故障气室盆式绝缘子电弧击穿

进一步对出线套管导电杆底部装配的铜镀银触头与铝质导电杆连接部位进行解剖，发现该连接部位存在接触不良现象，如图 3-7-8 所示。

图 3-7-7　导电杆底部装配烧蚀孔洞

图 3-7-8　导电杆不良连接部位

3.7.3　故障原因分析

本次故障的直接原因是宁胜 #2 线组合电器 C 相出线套管铝质导电杆与底部的铜镀银触头接触不良，运行中过热，接触面不断烧蚀，产生大量的 SF_6 固体分解产物和金属颗粒弥漫在故障单元内，最终导致绝缘击穿。导致接触不良的原因是制造厂装配工艺不良、机械加工精度低、出厂检验不细等。

沈西热电厂（2×300 MW）投运前，该变电站为终端站，宁胜 #2 线潮流方向由对侧至该 220 kV 变电站，大部分时间保持在 150 A 左右；2012 年 3 月 4 日，沈西热电厂并网，从 3 月 19 日起至故障发生共 23 天，潮流方向转变为由该 220 kV 变电站至对侧，潮流大部分时间保持在 100~120 MW，最大潮流 150 MW（394 A）。分析认为：在沈西热电厂机组并网之后，宁胜 #2 线潮流成倍增加，导致了以上潜伏性缺陷的急剧发展，这是本次故障的间接原因。

3.7.4　预防措施及建议

在组合电器设备两次定期带电测试周期之间负荷电流增加 1 倍及以上或负荷电流首次达到 400 A 及以上时，应在一周之内开展一次 SF_6 分解产物测试、超声（超高频）局放测试、红外测温工作。

3.8 220 kV 组合电器防跳继电器安装位置不当导致故障

3.8.1 故障情况说明

1. 故障过程描述

2015 年 2 月 15 日 7 时 45 分，某 220 kV 变电站 220 kV 和东线 A 相故障，两侧开关跳闸，重合失败，和东线开关重合同时 220 kV 东吴线保护动作，两侧开关跳闸，东吴线重合成功。

9 时 33 分，和东线强送失败，开关跳闸，同时东吴线保护动作，两侧开关跳闸，和东线 A 相开关在跳开后又不明原因合闸，东吴线重合闸再次跳闸，和东线保护再次动作，A 相开关跳闸。

2. 故障设备基本情况

故障设备为 ZF34-252 型 GIS，泰安泰山高压开关有限公司 2014 年制造，操作机构为 ABB 液压弹簧机构，2014 年 9 月 26 日基建工程投运。

3.8.2 故障检查情况

现场调取故障录波图，发现和东线 A 相开关在强送失败分闸后 40 ms 再次合闸，由于此时强送合闸正电尚未消失，初步判断 A 相开关防跳功能未起作用。

1. 开关在分位，机构机械位置正确

2. 防跳功能试验

继电保护专业做"手合故障"试验、模拟永久性故障，保护带开关"分—合分"传动试验，无异常。

变电检修专业做"手合故障"试验、"合分"防跳试验，带开关传动，无异常。

3. 合闸回路检查

未发现寄生回路、端子松动、锈蚀、放电、接触不良、绝缘不良等异常情况。

防跳继电器动作特性测试、开关辅助接点转换测试、连续性测试，无异常。

4. 操作机构检查

开关分、合闸动作电压、动作时间测试，无异常。

开关分合闸同期测试，分闸同期合格，合闸同期 9.5 ms（标准为不超过 5 ms），A 相不合格。

机构无渗漏油，对机构液压油进行过滤，未发现明显杂质。

5. 本体检查

进行开关主回路直阻检查、SF_6 分解产物测试检查，未发现异常。

6. 检查结论

在整个检查过程中对开关进行了数十次分合传动，均未重现开关偷合故障。根据以上检查情况，基本可以排除开关二次回路自身问题和操作机构阀体内部问题造成开关偷合。

3.8.3　故障原因分析

在对和东线 A 相开关进行检查过程中发现，该开关防跳继电器安装在开关操作机构箱体内，如图 3-8-1 所示，且固定方式不合理，容易受操作机构分合闸振动影响。国内外主流厂家 220 kV GIS 开关防跳继电器均安装在间隔汇控柜内部。

该变电站为户内站，220 kV GIS 安装于三楼，开关操作传动属于 90° 转向，分合操作振动较大。另外，该开关防跳继电器体积较小，内部节点弹片薄弱，也容易受振动影响。防跳

图 3-8-1　防跳继电器安装在开关操作机构箱体内位置

继电器如图 3-8-2 所示，其原理图如图 3-8-3 所示。

综上分析，故障当时和东线强送过程中，A 相开关合闸后防跳继电器已经励磁并自保持，开关跳开过程中，分闸振动导致保持接点抖动，防跳失效。

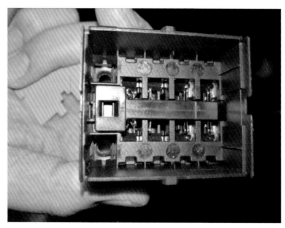

图 3-8-2　防跳继电器

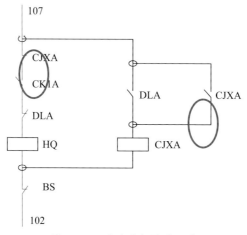

图 3-8-3　防跳继电器原理图

3.8.4　预防措施及建议

近年来，控制回路二次元件选择趋于小型化，其防振动、防干扰、防腐蚀能力较差，放在机构箱内的防跳、非全相继电器易受操作振动影响发生误动故障，因此应移出机构箱外安装。

3.9　220 kV 组合电器非全相中间继电器振动导致故障

3.9.1　故障情况说明

1. 故障过程描述

某 220 kV 变电站 2014 年 8 月 29 日投运，在 2015 年防台防汛隐患排查中发现该站 220 kV 园牵甲线组合电器汇控柜内柜门有变形。2015 年 6 月 16 日上午，对园牵甲线汇控柜内门（控制面板）变形关闭不严问题进行现场勘查，在查看结束关闭内柜门时园牵甲线开关跳闸。

2. 故障设备基本情况

故障设备为 ZF34-252 型 GIS，由泰安泰山高压开关有限公司生产，2014 年 4 月安装，2014 年 8 月投运。

3.9.2　故障检查情况

（1）现场检查后台 SOE 数据显示 10 时 48 分 30 秒 456 毫秒园牵甲线非全相保护动作；10 时 48 分 30 秒 457 毫秒，开关 A、B、C 三相变位（跳位合），三相开关同期动作于非全相保护输出后，开关不存在单相偷跳故障。

（2）检查故障录波显示无短路电流，线路保护无动作。

（3）打开汇控柜检查发现非全相中间继电器 47TX1、47TX2 安装于贴近内柜门的端子排上，如图 3-9-1、图 3-9-2 所示，控制回

图 3-9-1　汇控柜内部非全相中间继电器安装位置

路如图 3-9-3 所示，其试验按钮易受内柜门变形或振颤扰动而误动作。

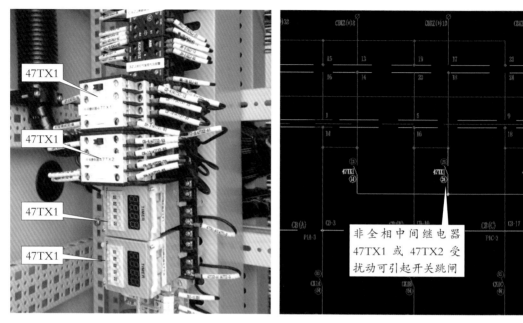

图 3-9-2　非全相中间继电器安装位置　　图 3-9-3　开关分闸控制回路 1（二跳回路与此相同）

3.9.3　故障原因分析

根据现场勘查情况，分析认为 220 kV 园牵甲线非正常跳闸原因为厂家人员在检查园牵甲线内柜门变形情况过程中开关柜门动作过大，导致非全相中间继电器试验按钮被误碰使分闸回路接通，从而导致开关跳闸。

3.9.4　预防措施及建议

近年来，控制回路二次元件选择趋于小型化，其防振动、防干扰、防腐蚀能力较差，放在机构箱内的防跳、非全相继电器易受操作振动影响发生误动故障，因此应移出机构箱外安装。

3.10　220 kV 组合电器刀闸开距不足导致故障

3.10.1　故障情况说明

1. 故障前运行方式

220 kV 中永一线受电，带 Ⅰ 母线运行，220 kV 母联在合位，220 kV Ⅰ、Ⅱ 母线并联运行，#2 主变运行，#2 主变一次在 Ⅱ 母线运行，抚永 #1、#2 线及 #1 主变一次冷备用，220 kV 一段、二段 PT 投入运行。

6 时 59 分，当值运维人员接受调度令，开始 Ⅰ 母线转带 220 kV Ⅱ 母线负荷、Ⅱ 母线停电操作。7 时 40 分结束倒母线操作。7 时 45 分开始装设内部接地线，但在 7 时 51 分执行"合上 #1 主变一次 220117 接地刀闸"时，220 kV 第一套母差、第二套母差保护动作，永陵变 #2 主变一次开关跳闸，中永 #1 线两侧主保护动作，开关跳闸。8 时 22 分 220 kV 中永 #1 线强送良好，永陵变 220 kV #1 母线送电不成功。

3 月 1 日当日天气晴朗，气温为 –16~–2℃。故障前某 220 kV 变电站负荷为 28 MW。

2. 故障过程描述

该变电站 220 kV 配电装置改为 GIS 设备（由新东北电气集团生产），系统采用双母线接线方式，设计进出线 4 回，分别为：中永 #1、#2 线，抚永 #1、#2 线；主变 2 台（新增 #2 主变，容量为 120 MV·A）。

按照消缺安排，计划 3 月 1 日至 3 月 6 日进行抚永 #1、#2 线、#1 主变一次、中永 #2 线、220 kV Ⅱ 母线电压互感器、220 kV 母联 Ⅱ 母线刀闸缺陷处理。

3. 故障设备基本情况

故障设备型号为 ZFW20-252，由新东北电气集团生产，为 2014 年 12 月产品，2015 年 9

月投运。

3.10.2 故障检查情况

1. 外观检查

现场检查 #1 主变一次一母刀闸机构机械位置和汇控柜电气指示，以及控制室监控系统遥信位置信号均在开位。

2. 解体检查

经过现场试验和打开刀闸手孔检查，如图 3-10-1 所示，发现永陵变 #1 主变一次 I 母刀闸 B 相 GIS 内部触头未拉开，C 相开距不足（厂家设计为（65±2）mm），C 相开距为 40 mm，如图 3-10-2、图 3-10-3 所示。

图 3-10-1 故障气室外观

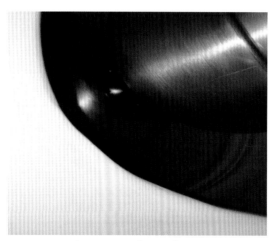

图 3-10-2 B 相触头未拉开

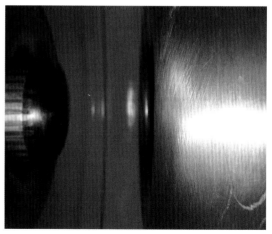

图 3-10-3 C 相触头开距不足

3.10.3　故障原因分析

2 月 28 日 #1 主变一次 Ⅰ 母刀闸缺陷处理完毕后，进行拉、合试验时发现该组刀闸有合不到位问题，厂家人员将其机构连杆拆除进行了调整，然后恢复拉开状态，初步分析可能是在当时恢复拉开状态时虽然机械、电气指示均正常，但 B 相刀闸触头可能未真正拉开（因 GIS 设备全封闭，外部检查无法发现问题）。

3.10.4　预防措施及建议

为加强设备全寿命周期前期各个环节管理和措施落实，物资部门应加强对设备供应商的质量考核和抽检；建设部门应强化施工过程中设备安装工艺质量、监理管理和考核，确保新投运设备无缺陷、无隐患投入电网运行。

3.11　500 kV 组合电器支撑绝缘子击穿故障

3.11.1　故障情况说明

1. 故障前运行方式

某 500 kV 变电站系统为 3/2 断路器接线方式，6 回出线与两台主变构成两个完整串和四个不完整串，其中第一、二、三、六串为不完整串，第四、五串为完整串；220 kV 系统为双母线双分段固定方式环并运行，共 10 回出线；变电站共有 #2、#3 两台主变，容量均为 1 000 MV·A。

2. 故障过程描述

2012 年 10 月 10 日 9 时 44 分 50 秒 78 毫秒，500 kV Ⅱ 母线差动保护动作，Ⅱ 母线所带第一串联络开关、第二串联络开关、海渤 #1 线开关、海渤 #2 线开关、电海 #1 线开关、电海 #2 线开关跳闸，短路电流为 30.036 kA。故障时为晴天，系统无操作。

3. 故障设备基本情况

故障设备型号为 GSR-500R2B，由平高东芝公司制造，2011 年 12 月产品，2012 年 8 月 11 日投运。

3.11.2　故障检查情况

1. 外观检查

故障发生后，设备外观检查无异常。故障录波图如图 3-11-1 所示，海渤 #1 线、海渤 #2 线、电海 #1 线、电海 #2 线 A 相出现故障电流，其中电海 #1 线故障电流最大，初步判断故障发生在第六串电海 #1 线 A 相 HGIS 设备中。各线路故障录波图如下，CT 变比为 4000/1。故障设备外观及结构如图 3-11-2、图 3-11-3 所示。

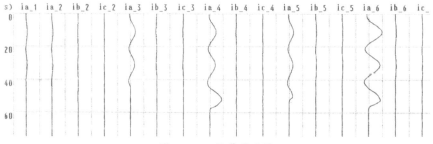

图 3-11-1　故障录波图

图 3-11-2　故障设备外观

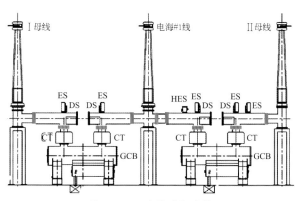

图 3-11-3　故障设备结构

2. 试验验证

对电海 #1 线 A 相 HGIS 断路器灭弧室、Ⅱ 母刀闸气室(含出线套管)进行 SF₆ 分解产物测试，结果见表 3-11-1。

表 3-11-1　SF$_6$ 分解产物及湿度测试结果　　　　　　　　μL/L

测试气室	H$_2$S	CO	SO$_2$	HF	湿度
断路器灭弧室	0	0	1.5	0	138
刀闸气室（含出线套管）	114.1	54.7	109.2	0	2239

对第一串联络、第二串联络、海渤 #1 线、海渤 #2 线、电海 #2 线、电海 #1 线 B、C 相断路器及 Ⅱ 母线侧刀闸气室进行同项目测试，SF$_6$ 分解产物中特征气体 H$_2$S 及 SO$_2$ 的含量基本为零，微水均合格（小于 90 ppm）。

由以上测试数据可知，电海 #1 线 A 相 HGIS Ⅱ 母线刀闸气室（含出线套管）中 H$_2$S、SO$_2$ 含量严重超标，基本上可以判断在该气室内部出现放电故障，如图 3-11-4 所示，其湿度超标初步分析为故障时固体绝缘件中氢氧元素反应产生。

故障气室

图 3-11-4　故障设备位置

3. 解体情况

解体检查发现，故障单元内各部件固定螺栓紧固力矩符合出厂标准，支撑绝缘子固定螺栓、螺孔无受应力损伤痕迹；将单元内各元件尺寸与出厂标准进行测量比对，未发生变形，测量各元件空间相对位置后与图纸比较，未发生变位；套管单元套管静触座装配的支撑绝缘子（平行地面安装）轴向下部严重烧损，部分绝缘子碎块散落在壳体中，该支撑绝缘子地电位金属铸件表面有一明显放电点，如图 3-11-5 所示。套管静触座装配与支撑绝缘子烧损面同侧出现片状放电烧蚀痕迹，与套管静触座装配放电烧蚀痕迹距离最近的壳体上也出现较多大小不一的放电点，如图 3-11-6~ 图 3-11-9 所示。整个筒体内覆盖着大量放电产生的分解物粉尘。DS/ES 单元

图 3-11-5　故障设备放电位置

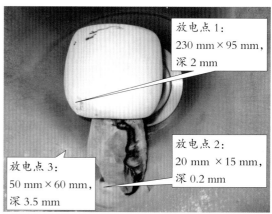

图 3-11-6　故障设备气室

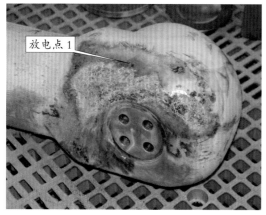

图 3-11-7　放电点 1

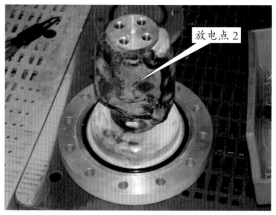

图 3-11-8　放电点 2

内覆盖有一层分解物粉尘，绝缘子、绝缘杆、导体等元件未发现异常现象。

将故障元件进行清理后可以看到，烧损支撑绝缘子表面破损的中心部分有一条主放电痕迹，主放电痕迹从支撑绝缘子的高压埋入电极开始，贯穿绝缘子，到达低压电极。另外，烧损支撑绝缘子表面另有一条深 2 mm、宽 1 mm 的电流弧道。将受损剥落的绝缘子碎片复原后看到，其应在主弧道产生

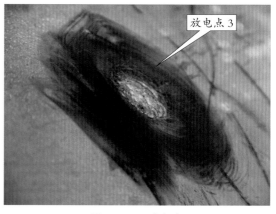

图 3-11-9　放电点 3

图 3-11-10　烧损支撑绝缘子（一）

图 3-11-11　烧损支撑绝缘子（二）

后形成，如图 3-11-10~ 图 3-11-12 所示。

烧损支撑绝缘子为日本高岳化成株式会社产品，材质为环氧树脂。该类支撑绝缘子在进入平高东芝厂后，平高东芝对其仅做外观尺寸的检测，绝缘试验在安装后随套管单元统一进行，未进行其他检验项目。日本高岳化成株式会社出厂检验报告表明，烧损的支撑绝缘子仅做了外观尺寸检测、交流耐压和局部放电试验，烧损支撑绝缘子未做 X 光探伤、着色探伤试验。

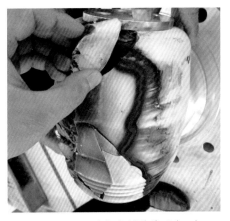

图 3-11-12　烧损支撑绝缘子（三）

3.11.3　故障原因分析

（1）故障单元解体后，经检验，各部位固定螺栓紧固力矩符合出厂标准，支撑绝缘子固定螺栓、螺孔无受应力损伤痕迹；单元内各元件尺寸与出厂标准进行测量比对，未发生变形，各元件空间相对位置测量后与图纸比较，未发生变位。可以排除部件制造和安装过程中发生异常受力情况。

（2）经调查，故障单元在运输过程中，三维加速度记录仪记录小于 3 g，可以排除故障单元在运输过程中发生异常受力情况。

（3）从烧损支撑绝缘子的主放电痕迹及剥落的碎片分析，故障源自支撑绝缘子内部贯通破坏，支撑绝缘子表面深 2 mm、宽 1 mm 的电流弧道分析为故障后感应电流引起，支撑绝缘子内部贯通破坏的原因分析为制造质量问题，出厂时内部存在细微裂缝等潜伏性缺陷，但局部放电、交流耐压等试验手段未能有效检出，投运后发生局部放电，逐步发展，最终导致绝缘贯穿。

（4）故障后故障单元 SF_6 湿度含量超标，分析为绝缘子被电弧烧损分解，氢氧元素反应后形成，与本次故障无关。

因此，该变电站 500 kV 电海 #1 线间隔 HGIS 故障单元出线套管静触座装配的支撑绝缘子产品质量存在潜伏性缺陷，运行中内部首先出现局部放电，继而绝缘击穿，是本次故障的直接原因。

平高东芝对支撑绝缘子等外协件缺乏有效的入厂检验手段，入厂后仅做外观尺寸检测，绝缘试验在安装后随装配单元统一进行，未逐只进行全项检验。平高东芝对外协产品无有效的质量管控措施，外协件制造厂对其支撑绝缘子产品的 X 光探伤、着色探伤检验项目在出厂时只做 5% 的抽检，无法确保外协产品质量，是本次故障的主要原因。

3.11.4　预防措施及建议

对同类型支撑绝缘子的在运设备，进行一次 SF_6 分解产物、超声波、超高频局部放电测试，并在现行试验规程的基础上，对新投运组合电器设备进一步加强组合电器带电测试工作，在投运一周后进行超声波、超高频局部放电测试，一月后进行 SF_6 分解产物测试。

3.12　500 kV 组合电器温湿度控制器壳体不阻燃导致故障

3.12.1　故障情况说明

1. 故障过程描述

2014 年 5 月 8 日，某 500 kV 变电站红瓦 #3 线 C 相 HGIS 发出"交流电源消失"信号，运行人员现场检查发现，间隔汇控柜内温湿度控制器起火，调度下令将边断路器停运，未影响线路供电。

2. 故障设备基本情况

故障设备型号为 ZHW-550，由西安西开有限责任公司生产，2008 年 8 月出厂，2012 年 7

月投运。汇控柜内温湿度控制器为西安远征科技有限公司 KS 型产品。

3.12.2 故障检查情况

经现场检查，汇控柜内损坏情况如下：3 个温湿度控制器完全烧损，如图 3-12-1 所示；温湿度控制器上部邻近的交流空开受波及烧损，如图 3-12-2 所示；燃烧物掉落到汇控柜底部后，如图 3-12-3 所示，导致汇控柜至红瓦 #3 线线路隔离开关机构间 3 根电缆、汇控柜至红瓦 #3 线母线侧接地隔离开关机构间 2 根电缆受损硬化，如图 3-12-4 所示。

图 3-12-1 温湿度控制器烧损

图 3-12-2 汇控柜烧损（一）

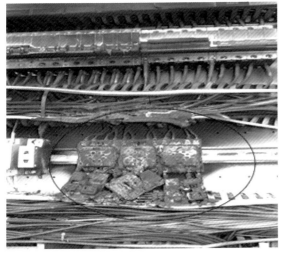

图 3-12-3 汇控柜烧损（二）

图 3-12-4 汇控柜底部受损

3.12.3　故障原因分析

经调查分析，故障原因为西安远征科技有限公司生产的 KS 型温湿度控制器（见图 3-12-5）存在严重质量问题，运行中内部元件过热，壳体不阻燃，如图 3-12-6、图 3-12-7 所示，最终导致控制器起火。

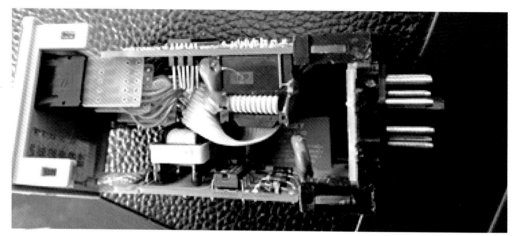

图 3-12-5　KS 型温湿度控制器（一）

图 3-12-6　KS 型温湿度控制器（二）

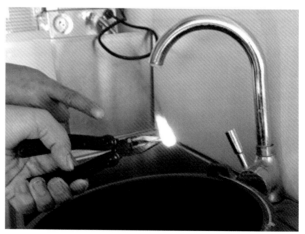

图 3-12-7　温湿度控制器阻燃试验

3.12.4　预防措施及建议

（1）对在使用的同类型温湿度控制器进行全面排查，并进行更换。

（2）对温湿度控制器的使用情况进行全面的统计分析和分类检测，提出选型要求。

（3）加强对开关设备机构箱、汇控柜内二次元件的巡视，重点观察是否有过热、变色、异味等异常，并结合巡视每季度进行一次红外测温。

第 4 章　开关柜故障案例汇编

4.1　10 kV 开关柜导电杆相间短路导致开关柜烧损故障

4.1.1　故障情况说明

1. 故障前运行方式

66 kV 两条进线，分别为胜马线、马石线，单母线接线方式；单台 20 000 kV·A 主变运行；10 kV 为单母分段接线方式，共 4 条 10 kV 配出线。

2. 故障过程描述

2012 年 3 月 10 日 22 时 02 分，某 66 kV 变电站 10 kV·A 相接地告警，22 时 10 分变电站 66 kV 主变后备保护（过流二段）动作，#2 主变一、二次及 10 kV 母联开关跳闸，故障电流为 8760 A。

3. 故障设备基本情况

某 66 kV 变电站 10 kV 二段 PT 柜为丹东供电设备厂制造的 GZS1-12 型手车开关柜，配置天津威勒斯开关手车，出厂时间为 2005 年 7 月，2006 年 12 月 11 日投运，上次检修日期为 2012 年 8 月。10 kV PT 为大连北方互感器厂 JDZJ-10 型产品。

4.1.2　故障检查情况

保护自动化专业对两段柜顶电压小母线进行临时并列，并对全部已运行 10 kV 开关进行整组传动试验，检查无问题。

检修专业对故障开关柜母线隔室进行清扫处理，将该柜母线分支线铜排全部拆除，将连至柜顶小母线进线全部拆除。

图 4-1-1　故障设备

4.1.3　故障原因分析

PT 表面检查无异常，且绕组导通及绝缘试验结果正常，因此判定 PT 未发生故障；根据手车三相动触指导电杆根部烧损位置基本一致、三相 PT 铁芯固定架烧损基本一致及故障电流值，可以判断开关柜烧损原因为三相 PT 进线端至手车动触指导电杆根部发生三相相间短路，如图 4-1-1 所示。

首先，检查 A 相手车动触指导电杆根部与支撑绝缘子间隙较大（约 2 mm），如图 4-1-2 所示，而 PT 融丝上静触座正连接在该部位（连接板厚度 1 mm），如图 4-1-3 所示，静触座存在松动现象。

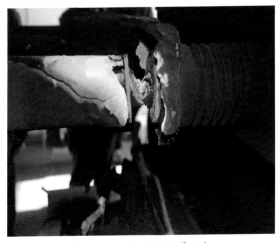

图 4-1-2　A 相动触指导电杆

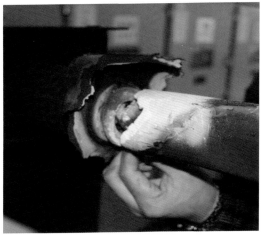

图 4-1-3　故障 PT 熔丝上静触座

其次，检查 A 相 PT 铁芯存在放电点。再次，检查 A 相动触指导电杆根部绝缘罩基本全部燃烧熔化。最后，系统出现了 A 相接地告警，而线路巡视和线路送电后正常。可以判断 A 相动触指导电杆根部与 PT 熔丝上静触座间未紧固，造成过热、放电，使熔丝上静触座连片及绝缘罩熔化，熔化气雾首先引起 A 相接地，金属气雾进一步引起相间短路。

4.1.4　预防措施及建议

开关柜停电检修时必须对熔丝静触座紧固情况进行检查，并对柜内导电部分对地安全距离进行检测，要求对地距离大于 125 mm。

4.2　10 kV 开关柜母线桥放电导致开关跳闸故障

4.2.1　故障情况说明

1. 故障前运行方式

#2 主变带站内全部负荷，10 kV 分段开关在合位，#1 主变热备用。

2. 故障过程描述

5 月 23 日 7 时 10 分，某 66 kV 变电站 10 kV Ⅰ段母线接地，持续时间 7 s；#2 主变后备保护动作，二主二次开关跳闸，变电站全部停运。9 时 10 分，运维人员检查现场设备后发现 10 kV 分段母线桥靠近Ⅱ段母线侧底部护板被击穿，其他设备均未发现异常。

4.2.2　故障检查情况

1. 外观检查

运维人员检查现场设备后发现 10 kV 分段母线桥靠近Ⅱ段母线侧底部护板被击穿，如

图 4-2-1 所示，其他设备均未发现异常。

2. 解体检查情况

现场对故障设备进行了解体检查，检修人员打开母线桥护板，发现母线有部分放电烧伤痕迹，母线桥支撑绝缘子老化、潮湿，有放电痕迹，需要更换，如图 4-2-2 所示。

新支撑绝缘子由修造厂送到徐家台现场。更换母线桥支撑绝缘子 18 个，母线重新热缩、高压试验合格。

图 4-2-1　母线侧底部放电点

图 4-2-2　闪络的母线桥支撑绝缘子

4.2.3　故障原因分析

综合保护动作情况，初步分析故障过程如下：

某 66 kV 变电站 10 kV 分段母线桥无排气孔，高压室通风不好，桥内潮湿度较大；另外因该站 2010 年曾发生开关柜放电故障，母线桥内残存一些微小的导电颗粒。两个因素长期积累后，造成绝缘子表面绝缘能力降低，发生放电故障。

4.2.4　预防措施及建议

（1）应加强对新母线桥的验收，母线桥必须有排气孔；高压室内应加强通风，防止高温或受潮。

（2）按周期对 10 kV 开关柜及其母线桥进行工频耐压等例行项目试验，10 kV 母线桥内工频耐压后，检修专业应打开部分母线桥抽检绝缘子，并对母线桥进行吸尘处理。

4.3 10 kV 开关柜过负荷运行导致开关柜烧损故障

4.3.1 故障情况说明

1. 故障前运行方式

66 kV 侧为分列运行。平河甲线受电到 66 kV Ⅰ 母线，经 #1 变压器到 10 kV Ⅰ 母线送出 #1 站用变、#1 电压互感器、河源线、河宝 #1 线、河辉 #1 线、河旺线、河辉 #4 线、河辉 #3 线、#1 电容器；平河乙线受电到 66 kV Ⅱ 母线，经 #2 变压器到 10 kV Ⅱ 母线送出 #2 站用变、#2 电压互感器、河西 #2 线、河兴线。#1 主变为 SZ9-40000/66，当时负荷情况为 12.6 MW，#2 主变为 SZ11-40000/66，当时负荷情况为 32.8 MW。

2. 故障过程描述

2014 年 5 月 1 日 5 时 23 分，某 66 kV 变电站 10 kV #1 主二次间隔 C 相动静触头绝缘部分高温起火，导致 #1 主二次间隔烧损。

3. 故障设备基本情况

故障设备型号为 GZS1-12 型，由辽阳电力设备厂生产，配北京华东森源生产的 VS1-12 断路器，2012 年 5 月出厂，2012 年 6 月 1 日投运。

4.3.2　故障检查情况

1. 外观检查

保护动作情况如下：10 kV #1 主二次 C 相发"接地告警"，U_a=10005 V，U_b=10009 V，U_c= 0.1 V。

2. 解体检查情况

检查发现，河南变 10 kV #1 主二次开关柜内 C 相开关动静触头烧损，上部仪表盘未烧损但积累大量黑灰；本间隔及邻近的 #1 站用变间隔母线仓内和上部小母线有大量黑灰，母排连接铜排绝缘筒严重烧损，但柜体未变形，如图 4-3-1～图 4-3-3 所示。

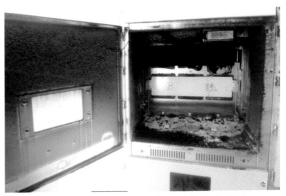

图 4-3-1　#1 主二次 C 相开关静触头烧损

图 4-3-2　#1 主二次 C 相开关动触头烧损

图 4-3-3　上部仪表盘积累大量黑灰

4.3.3　故障原因分析

综合保护动作情况、现场解体情况及所带负荷，初步分析故障过程如下：

主二次开关柜的电流达到 3363 A（额定电流为 3150 A），并持续 10 min 左右，使得 #1 主变及其主二次间隔每天需承受多次、长时间的满负荷及过负荷情况运行，导致回路中接触面最小的地方长期过热，周围绝缘部分加速老化，从而起火烧损。设备长期过负荷运行是造成本次事故的直接原因。

从拆卸下的材质来看，#1 主二次开关的静触头与母线连接的部分是受热最严重的地方（见图 4-3-4）。绝缘部位已经烧至白色粉末状，说明经历了从碳化到烧损的过程；其余地方为黑色，是碳化及熏黑造成。静触头与母线连接的部分仅由一个 φ20 的螺栓紧固连接（额定电流内不会造成过热），但其经历了长期的过负荷运行，致使接点长期发热并恶性循环；螺栓周围的铜板上可见大量的铜颗粒，铜的熔点在 1300 ℃，也说明这个地方为长期过热造成。

（a）正面　　　　　　　　（b）背面

图 4-3-4　静触头与母线连接的部分

如图 4-3-5 所示，开关的动触头能够正常插入到静触头斜面以上，而且留有长期过负荷运行的氧化面痕迹；开关 C 相动触头绝缘部分是被静触头部分的火引燃的，因为此处未见铜颗粒。

（a）插入深度痕迹　　　　　　　　　　　（b）触头烧损情况

图 4-3-5　开关动触头插入深度及动触头烧损情况

4.3.4　预防措施及建议

10 kV Ⅰ段母线所带的负荷为轧钢用户专线，在报装容量超出变压器的额定容量的情况下，需制订较为可靠的供电方案。可在主二次开关柜静触头与母线连接的部分增加一个 $\phi 16$ 的辅助螺栓紧固连接，同时增加开关柜内主二次及母联开关接点测温装置，以便进行温度监控。

 10 kV 开关柜电缆终端绝缘缺陷导致弧光短路故障

4.4.1　故障情况说明

1. 故障前运行方式

66 kV 系统接线方式为双母线接线，迎东甲线、东新甲线、#1 变压器一次在南母线运行，迎东乙线、东新乙线、#2 变压器一次在北母线运行，电东甲线、电东乙线处于冷备用状态，

66 kV 母联在合位。

10 kV 系统母线接线方式为单母分段带旁路接线，#1 变压器二次带 10 kV 西段母线负荷、#2 变压器二次带 10 kV 东段母线负荷，10 kV 母联开关在合位，两台主变二次并列运行带出全所负荷为 630 A 左右。10 kV 西段母线 PT 接地刀闸在合位，#1、#2 变压器中性点 610、620 消弧线圈刀闸均在开位。10 kV 东段母线所带线路为东水线、煤气线、华东 #2 线、齐水线、麻袋线、钢管线、#2 电容器、矿渣线、#2 站用变；10 kV 西段母线所带线路为：红砖线、联络线、农业线、三新线、华东 #1 线、#1 电容器、#1 站用变。10 kV 东、西段所有配出线路开关均在合位，华东 #1 线带 10 kV 消弧线圈在运行，#2 站用变带站内交流负荷运行。

2. 故障过程描述

2012 年 3 月 24 日 6 时 02 分，10 kV 系统发生 B 相接地。7 时 32 分，运行人员在主控室内听到 3 声爆炸声，同时现场火警和事故报警启动，华东 #1 线瞬时电流速断保护动作，66 kV #1 变压器主变差动保护动作。

4.4.2　故障检查情况

保护动作如下：

2012 年 3 月 24 日 6 时 02 分至 7 时 33 分 10 kV 系统共发生 4 次接地（7 时 20 分检出 10 kV 东水线接地），其中第二、三、四次为 6 时 11 分至 6 时 53 分、6 时 54 分至 7 时 17 分、7 时 18 分至 7 时 33 分，7 时 32 分 53 秒至 7 时 32 分 57 秒期间 10 kV 华东 #1 线、#1 变压器发生跳闸。

现场检查发现，66 kV #1 变压器室内二次母线桥 A、C 相有弧光短路烧损痕迹，10 kV 华东 #1 线丙刀闸触指端部有弧光短路烧损痕迹，华东 #1 线出口电缆三岔口处短路断裂，如图 4-4-1 所示。高压室东侧大门被爆炸气浪冲开，10 kV 华东 #1 线间隔处南侧室内窗损坏。10 kV 母线 PT 三相熔丝无损坏，PT 本体无异常。

4.4.3　故障原因分析

10 kV 华东 #1 线电缆是交联聚乙烯 240 型三芯电缆，为热缩式电缆终端。分析电缆头在制作过程中，分叉口绝缘中存在杂质、气隙，此处电场分布极不均匀，在工作场强下此处绝缘内部发生局部放电。这种放电并不立即形成贯穿性通道，但长期的局部放电使电缆主绝缘劣化损伤逐步扩大，当系统发生单相接地时，非故障相电压升至线电压后，造成分叉口处 A、B 两相电缆主绝缘在线电压下击穿，在 7 时 32 分 53 秒 10 kV 华东 #1 线瞬时电流速断动作。

电缆主绝缘击穿产生的金属性飞尘弥漫到华东 #1 线丙刀闸间，在 7 时 32 分 56 秒 10 kV 华东 #1 线重合闸启动，金属性飞尘降低刀闸相间空气绝缘性能，因刀闸触指端部电场为极不均匀电场，造成在丙刀闸触指端部三相拉弧放电，如图 4-4-2 所示，7 时 32 分 56 秒 10 kV 华东 #1 线瞬时电流速断动作。

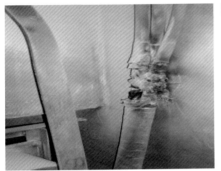

图 4-4-1　10 kV 华东 #1 线烧损电缆

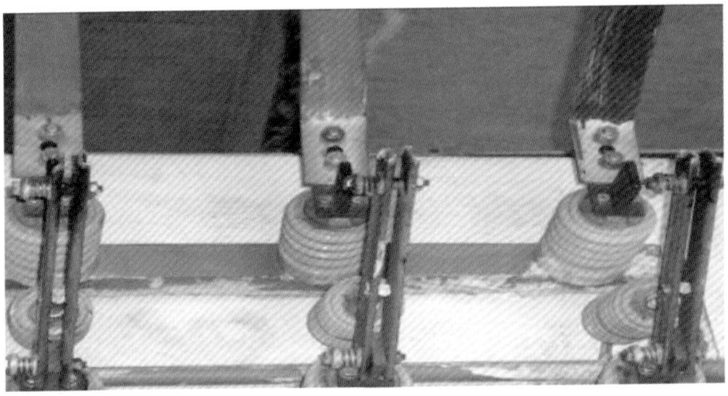

图 4-4-2　10 kV 华东 #1 线丙刀闸

丙刀闸三相拉弧时，气体温度可达数千摄氏度，使周边气体分子发生强烈热电离过程，产生大量自由电子，并夹杂着大量金属性飞尘顺着 10 kV 侧母线空洞飘移到另一侧的 66 kV #1 主变母线桥间，母线桥相间空气绝缘性能下降，在工作电压下 A、C 相间短路，#1 主变差动保护动作，如图 4-4-3 所示。

图 4-4-3　主二次母线桥 A、C 相间短路

4.4.4　预防措施及建议

66 kV 主变二次室内母线桥塑封，可避免主变二次相间短路及主变差动保护动作。

4.5　10 kV 开关柜母排绝缘老化导致弧光短路故障

4.5.1　故障情况说明

1. 故障前运行方式

66 kV 刘开甲线经 #1 变压器受电到 10 kV Ⅰ 段母线，66 kV 刘开乙线经 #2 变压器受电到 10 kV Ⅱ 段母线，配出开明线、开联线、开宝线、开附线，10 kV 母联热备用，两段母线分列运行。#1、#2 变压器分接开关共 17 挡均在 3 挡位置运行。

故障前，#1 变压器所带负荷约 5 MW，#2 变压器带负荷约 30 MW，#2 变压器跳闸后，10 kV 母联隔离柜烧损，且隔离柜位置在 #2 主二次与其他配出线间隔之间，因此 10 kV Ⅱ 段负荷无法通过 #2 变压器短时间内转出。

2. 故障过程描述

2012 年 11 月 6 日 14 时 2 分 57 秒，某 66 kV 变电站 #2 变压器低后备保护动作（复压闭锁过流 Ⅰ 、Ⅱ 段保护），#2 变压器二次开关跳闸，10 kV Ⅱ 段母线失电。

3. 故障设备基本情况

故障设备型号为 KYN28A（GZS1），鞍山北方电器有限公司 2008 年 5 月生产，2008 年 8 月 5 日投运，2012 年农网升级改造期间，配合 10 kV Ⅱ 段设备安装时进行重新拆装，2012 年 6 月 1 日投运，如图 4-5-1 所示。

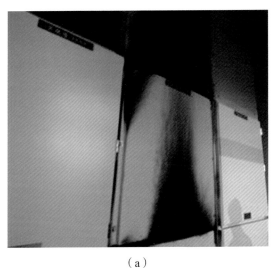

（a）　　　　　　　　　　　　　（b）

图 4-5-1　故障设备

4.5.2　故障检查情况

经检修试验专业现场检查，确认 10 kV 母联隔离柜、隔离手车及柜内设施已烧损，无法投入运行；母联跨桥通风孔有冒烟痕迹，为母排塑封材料燃烧所致，其他设备外观无异常，如图 4-5-2 所示。

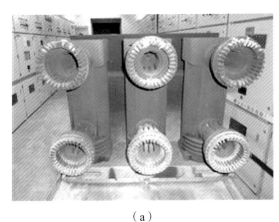

（a）　　　　　　　　　　　　　（b）

图 4-5-2　故障设备解体

4.5.3　故障原因分析

该段设备投运以来，#2 变压器几乎处于满负荷状态，10 kV Ⅱ 段母线发生过几次瞬间接地，而且 #2 变压器分级开关在 3 挡，所以应该可以排除过压引发故障。

如图 4-5-3 所示，由现场情况来看，10 kV Ⅱ 段母线与母联跨桥母排间的隔板未进行安装。原因为：

（1）隔板的上下 10 个螺孔内均被熏黑，未发现螺栓脱落痕迹；

（2）隔离柜底部未发现隔板的散落螺栓。

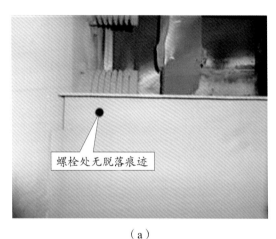

螺栓处无脱落痕迹

（a）

（b）

图 4-5-3　隔板的螺孔内螺栓情况

综上所述，10 kV 母联隔离柜烧损是由于隔板长期位于母联跨桥连接母排之上，母排塑封老化，致使与隔板发生放电，从而引发柜体内三相弧光短路，进而引燃隔离柜内的母排塑封皮，产生大量浓烟及粉尘，如图 4-5-4 所示。

10 kV 母联热备用，母联跨桥长期带电，三相母排托住隔板，隔板与柜体相连，母排与大地间由塑封皮隔离（塑封材料耐压 4 kV），正常情况下不会发生放电。

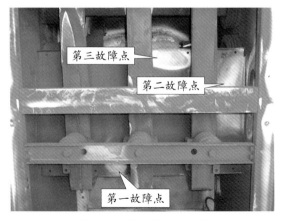

第三故障点

第二故障点

第一故障点

图 4-5-4　故障设备放电点

但根据现场情况看,母排为双层,母排下端有一 90° 拐角,拐角处的(铜材质)物理性质受到一定影响,拐角受张力影响其内侧与外侧的密度差别很大,从而使拐角处的电场发生畸变,场强极不均匀(拐角内侧由于挤压会产生褶皱,有尖端放电的可能)。因此怀疑 B 相母排拐角处厂家制作过程中进行过反复折弯,使褶皱加重,使该处场强更加不均匀,经过 4 年的带电运行,加速了塑封皮的老化,使其老化击穿首先与隔板发生放电,放电瞬间系统单相接地,其他两相电压升高至线电压。由于电压升高,且柜内已由于燃烧产生烟尘,使空气绝缘急剧下降,使相邻 A 相也对第一故障点放电。

与此同时,C 相也对柜体及隔板放电(第二故障点),从而引发了三相弧光短路。随后故障进一步恶化,柜内烟尘迅速集聚,由于无隔板,烟尘迅速扩散到隔离柜前,引发刀闸静触头与 10 kV 母线间引线发生三相弧光短路(也是由于 2012 年改造期间未将引线全密封),使前挡板严重灼伤。

至此,放电过程基本结束,#2 变压器低后备保护动作,切断电源(时限 2 s),燃烧产生的浓烟从柜体缝隙及母联跨桥的通风孔冒出,留下黑色痕迹。

因此,此次母联隔离柜故障直接原因为施工质量问题,或是隔板自始至终没安装,或是试验后忘记安装。

4.5.4 预防措施及建议

加强新设备到货的验收力度,提高验收质量。

4.6 10 kV 开关柜内绝缘距离不足导致开关柜烧损故障

4.6.1 故障情况说明

1. 故障过程描述

7 月 22 日 14 时 19 分,某 220 kV 变电站 #1 主变比率差动保护动作,#1 主变两侧开关跳闸,备自投动作，#2 主变投入运行，带站内全部负荷，没有造成负荷损失。运行人员现场检查高压室内有烟尘、异味，一主二次开关柜后柜门下仓内放电。

2. 故障设备基本情况

故障设备型号为 KYN79 系列，配 EVH1-12 型断路器，由长城天水开关厂生产，2012 年 9 月出厂，2013 年 7 月投运。

4.6.2　故障检查情况

1. 外观检查

220 kV DB 线、GD #1 线、JD #1 线、#1 母联、I Ⅲ 分段开关在开位；GD #2 线开关在合位；未见其他异常。

2. 解体检查情况

现场对故障设备进行了解体检查，发现 #1 主变至一主二次开关柜发生 C 相铜排对开关柜箱体及 B 相铜排放电，如图 4-6-1 所示，同时 B、C 相电流互感器外绝缘烧损，开关柜内下仓二次电缆烧损。

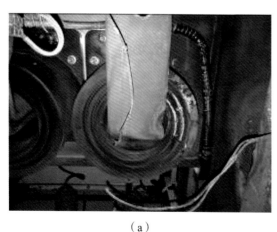
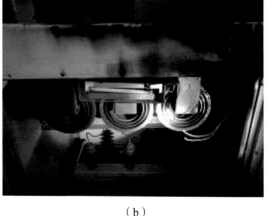

（a）　　　　　　　　　　　　　　　　　　　（b）

图 4-6-1　故障设备 B、C 相对地放电

变电检修室处理一主二次开关柜烧损缺陷，更换一主二次三相电流互感器（见图 4-6-2）

及控制电缆，检查处理 10 kV Ⅰ段母线其他各间隔开关柜照明线固定情况。检查发现部分开关柜内照明线路存在自由悬挂、固定不牢问题（见图 4-6-3），影响开关内电气元件的柜绝缘距离。

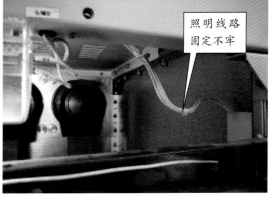

照明线路
固定不牢

图 4-6-2　更换后的三相电流互感器　　　图 4-6-3　检查相邻分段间隔照明线存在自由悬挂隐患

4.6.3　故障原因分析

综合保护动作情况、现场试验数据情况，初步分析故障过程如下：

测量 C 相铜排与开关柜箱体间绝缘距离为 140 mm(户内标准大于 125 mm)，但由于开关柜内照明线路固定不牢，悬挂在 C 相铜排与开关柜箱体间，降低了绝缘距离；再加上近几日连续阴雨天，开关柜内湿度较大。以上两个因素造成 C 相铜排首先对开关柜照明线及箱体放电，B、C 相弧光短路造成主变差动保护动作，#1 主变跳闸。

4.6.4　预防措施及建议

开关柜照明、加热驱潮等辅助回路（AC220）交流电缆与控制回路 (DC220) 直流电缆严禁铺设在柜内同一护线槽内，更不允许交直流电缆捆绑在一起。

4.7 10 kV 开关柜母线侧触头接地导致开关柜烧损故障

4.7.1 故障情况说明

1. 故障前运行方式

某 66 kV 变电站 10 kV 侧为单母线分段结线方式，故障时 #1 主变运行，代全站负荷，#2 主变备用。

2. 故障过程描述

2015 年 6 月 11 日 20 时 07 分，某 66 kV 变电站 10 kV 母线 C 相 100% 接地，#1 主变 5322/5332 后备保护动作，10 kV 母联 5350 开关跳闸，#1 主变 5322/5332 跳闸，备自投装置动作，合上 #2 主变 5324/5334 开关。

3. 故障设备基本情况

故障设备型号为 KYN28B-12，由锦州华信开关电器有限责任公司生产，2008 年 11 月出厂，2009 年 6 月投运。

4.7.2 故障检查情况

10 kV 福北线开关柜开关室有放电灼烧痕迹，如图 4-7-1 所示，开关能够分合闸。将开关拉至试验位置时有卡滞，拉出后发现 C 相母线侧触头变形、触指压紧弹簧脱落、绝缘护套烧损严重，B 相、A 相绝缘护套也有烧损。开关柜内母线侧静触头挡板 C 相位置有向下掉落迹象，且烧损变形较严重，如图 4-7-2 所示。

图 4-7-1　故障设备

图 4-7-2　故障设备开关母线侧触头

现场对故障设备进行了解体检查，发现罐体内弥漫着大量的金属氟化物粉尘，静触头装配无明显烧蚀。

4.7.3　故障原因分析

综合保护动作情况、现场解体情况，初步分析故障过程如下：

开关运行中，母线侧挑帘 C 相位置四连杆机构松动，造成挑帘滑落搭至 C 相母线侧触头绝缘护套上，由于挑帘滑落后距离开关 C 相触指导电部分不足 80 mm，如图 4-7-3 所示，造成间歇性放电，挑帘温度升高，加速触头绝缘筒老化损坏，最终绝缘筒击穿，C 相触头通过挑帘接地，从而引发弧光短路，母线故障，#1 主变后备保护动作。

图 4-7-3　放电点距离

第 5 章　输电线路故障案例汇编

5.1　220 kV 输电线路风害导致跳闸故障

5.1.1　故障情况说明

1. 故障过程描述

2013 年 3 月 21 日 12 时 03 分，某 220 kV 输电线路 B 相（中线）单相瞬时接地故障跳闸。某 220 kV 变电站侧两套纵联保护动作，距离 I 段保护动作，重合成功。故障电流为 13254 A，故障测距为：距某 220 kV 变电站 0.8 km。

2. 故障设备基本情况

某 220 kV 输电线路，全长 17.94 km，共计 44 基铁塔。投运时间 1984 年 12 月。故障段始于 #3 杆塔，止于 #3 杆塔，塔型为 Z2 型直线塔，呼高 20 m。导线型号：LGJQ-240×2；地线型号：GJ-50×2；边、中相串型为 I 串，边、中相绝缘配合为 FXBW3-220/100 单串。故障区段基本情况见表 5-1-1。

表 5-1-1　故障区段基本情况

起始塔号	终点塔号	投运时间	全长 /km	故障区段长度 /km	
1	44	1982-11-25	17.94	0.8	
设计气象区	设计风速 / (m/s)	故障杆塔号	故障杆塔型号	呼高 /m	转角度数 / (°)
Ⅶ	30	3	Z2-20	20	0
导线（或跳线）型号（含分裂数）	地线型号	串型及并联串数		绝缘配合	
		边相	中相	边相	中相
LGJQ-240×2	GJ-50×2	Ⅰ串	Ⅰ串	FXBW3-220/100 单串	FXBW3-220/100 单串

5.1.2　故障检查情况

气象局提供的气象资料显示：2013 年 3 月 21 日，该地区最大风速为 21.7 m/s；风电场所当天所测风速为 36.5 m/s；省气象台已于 21 日 10 时 45 分发布大风黄色预警。障碍发生时段该地区出现大风并伴有扬沙天气。

3 月 21 日 12 时 18 分，输电运检组接到调度命令后立即组织人员进行巡检。根据故障测距情况，安排人员以 220 kV 某线 #3 塔为中心，在 #1—#11 区段分 2 组进行检查。14 时 8 分，巡检人员发现 220 kV 某线 #3 塔 B 相（中线）导线线夹螺栓有轻微放电烧伤痕迹；辅导线内侧防振锤端部有放电烧伤痕迹；地线悬挂点螺栓根部及线夹内侧有放电烧伤痕迹。因当时刮南风，相对应的北侧铁塔脚钉根部及塔窗叉铁处有放电烧伤痕迹。根据明显的放电通道及放电点，可以确定某线 #3 塔为故障杆塔。故障区段情况如图 5-1-1~图 5-1-7 所示。

（a）

（b）

图 5-1-1　某线 #3 塔

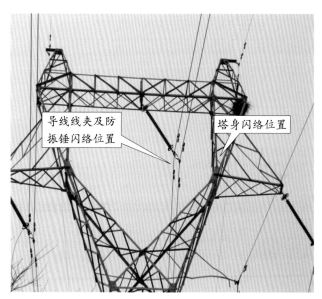

图 5-1-2　某线 #3 放电通道

（a）　　　　　　　　　　　　　　（b）

图 5-1-3　某线 #3 脚钉根部及叉铁螺栓放电痕迹

图 5-1-4　某线线夹螺栓的放电痕迹

图 5-1-5　辅导线防振锤的放电痕迹

图 5-1-6　避雷线线夹螺栓的放电痕迹

图 5-1-7　避雷线线夹内侧的放电痕迹

5.1.3　故障原因分析

220 kV 某线 #3 塔地处西侧高、东侧低的山坡，因当时刮南风，复合绝缘子重量较轻，B 相（中线）导线在瞬时强阵风的作用下向北摆动，又因 Z2 猫头塔的塔窗空间紧凑，致使 B 相

（中线）辅导线内侧防振锤端部与相对应的北侧铁塔脚钉、B 相（中线）线夹螺栓与对应塔窗叉铁的空气间隙不足，形成放电通道引起空气击穿放电，导致线路跳闸。

5.1.4　预防措施及建议

对 Z2 型铁塔的中线采用 V 型绝缘子串或加装重锤。

5.2　220 kV 输电线路风害导致倒塔故障

5.2.1　故障情况说明

1. 故障前运行方式

220 kV 某一、二线全长 21.4 km，其中某 500 kV 变电站出口 15.6 km 为同塔双回路架空复导线线路，其余 5.8 km 为电缆。某一、二线 #7—#19 为一个耐张段，周边环境为基本农田，四周空旷。

2. 故障过程描述

2014 年 10 月 15 日 17 时 03 分，220 kV 某一、二线同时故障跳闸，两侧均重合不良，某 220 kV 变电站全停，220 kV 窑牵一、二线所带高铁牵引站停电，当时有雷雨大风。

保护动作情况：17 时 03 分某一线 B 相故障跳闸，两侧两套纵联保护动作，三相重合闸动作，B、C 相故障重合不良。保护测距 3.8 km。17 时 03 分某二线 C 相故障跳闸，两侧两套纵联保护动作，三相重合闸动作，A、C 相故障重合不良。保护测距 3.9 km。18 时 11 分某一线在某 500 kV 变电站侧强送不良，两套纵联保护动作，故障相为 A、B、C 三相。保护测距 3.9 km。

客户影响情况：故障前某 220 kV 变电站两台主变负荷共 6.8 万 kW，10 kV 用户 9.1 万户。一级用户为高铁牵引站，二级用户为部队、医院、政府等单位。17 时 28 分牵引站负荷全部倒出，其间影响 9 列高铁及 8 列普通客运列车停运晚点。18 时 24 分某 220 kV 变电站负荷全部倒出。

本次故障共造成电量损失 11.37 kW·h。

3. 故障设备基本情况

塔型：#10、#11 为 SZ53-48；#12 为 SZ53-45。档距：#10—#11 档距为 582 m，#11—#12 档距为 387 m。导线型号：2×LGJ-500/45 钢芯铝绞线。地线型号：OPGW 光缆地线一根，JLB40-150 铝包钢绞线地线一根。投运日期：2011 年 12 月 27 日。最近一次检修日期：某一线 2014 年 6 月 5 日、某二线 2014 年 3 月 25 日。故障区段基本情况见表 5-2-1。

表 5-2-1　故障区段基本情况

起始塔号	终点塔号	投运时间	全长 /km	故障区段长度 /km	
10	12	2011-12-27	21.4	0.971	
设计气象区	设计风速 /（m/s）	故障杆塔号	故障杆塔型号	呼高 /m	转角度数 /（°）
Ⅶ	30	11	SZ53-48	48	0
导线（或跳线）型号（含分裂数）	地线型号	串型及并联串数		绝缘配合	
		边相	中相	边相	中相
2×LGJ-500/45 钢芯铝绞线	OPGW 光缆地线一根，TLB40-150 钢芯铝绞线地线一根	I 型单串	I 型单串	XMP-10+ FXBW-220/100	XMP-10+FXBW-220/100

5.2.2　故障检查情况

10 月 15 日 17 时左右，该地区发生了强对流天气，省气象灾害预警中心发布了可能出现冰雹并伴有短时大风橙色预警。距 220 kV 某一、二线 #11 塔最近的气象台站距故障点的直线距离约 5 km。据气象台提供的气象报告称 10 月 15 日该地区极大风速为 10 级，局部地区风速达到 11 级。故障时段天气见表 5-2-2。

表 5-2-2　故障时段天气

监测时间	最大平均风速（m/s）/ 时距	短时大风风速（m/s）/ 时距	风向	气温 /℃	相对湿度 / %	气压 /hPa	雨强 /（mm/min）	有无冰雹
15 日 16 时—19 时	14.9	32.2	北风	8	96	1 001.8	0.1	有

10 月 15 日 17 时 30 分公司组织 10 名巡视人员赶赴现场进行故障点查找。根据故障测距和线路情况，巡视人员判断 220 kV 某一、二线 #11—#14 塔发生故障的概率较高，为此，确定以 #12 塔为中心进行巡视。18 时 27 分，收到群众护线员汇报 #11 倒塔。19 时 20 分，巡视人员抵达现场，发现 220 kV 某一、二线 #11 塔在中部 26~32 m 处折断、倒塌，折断部位呈麻花状扭转，铁塔塔头触地，导线断线 2 根，损伤 16 处。故障区段如图 5-2-1~ 图 5-2-4 所示。

图 5-2-1　#11 塔倒塔照片（一）

图 5-2-2　#11 塔倒塔照片（二）

图 5-2-3　被拉断的导线

图 5-2-4　被刮断的导线

5.2.3 故障原因分析

1. 天气原因分析

10 月 15 日 17 时左右，该地区发生了强对流天气，省气象灾害预警中心发布了冰雹并伴有短时大风橙色预警。气象局提供的气象证明和原始数据表明 15 日 16 时至 19 时瞬时极大风速高达 32.2 m/s（11 级）。气象站距离故障点 5 km 左右，现场地区空旷，实际风力应更大。现场多处树木被风刮断、刮倒。故障点附近被刮倒的树木如图 5-2-5 所示。

（a） （b）

图 5-2-5 故障点附近被刮倒的树木

2. 故障原因排查与初步分析

（1）根据现场检查塔材和螺栓完整，无丢失现象，以及倒塔扭曲部位在 30 m 左右高度，可排除塔材被盗原因造成倒塔。

（2）故障杆塔两侧档内导线无接头，且两处断线均为新茬，折断部位呈麻花状扭转，可排除由于断线造成不平衡张力倒塔的可能。

（3）铁塔主材化验结果表明，化学成分、拉伸性能、角钢截面尺寸及允许偏差均符合国家标准要求（根据 GB/T 1591—2018《低合金高强度结构钢》，GB/T 706—2016《热轧型钢》），排除铁塔材质原因。

（4）现场检查螺栓紧固情况良好，未见松动现象，可排除因施工不良及运检不到位等原因造成倒塔的可能。

（5）从现场倒塔情况来看，呈弯扭破坏形态，上部分杆塔受到强大的垂直线路方向水平力作用，同时伴随线路不平衡张力，基本符合龙卷风破坏特征。

3. 故障原因分析结论

结构专家依据杆塔设计荷载、实际荷载分别进行校验。当风速为 30 m/s（离地 15 m 高）时，对杆塔设计水平档距 550 m、实际水平档距 485 m 分别进行校验，杆塔杆件极限应力均未超过杆塔强度设计值。线路设计满足要求。

当风速为 30.7 m/s 时，对杆塔设计水平档距 550 m 进行校验，个别杆塔杆件极限应力超出杆塔强度的 2%；当风速为 31.6 m/s 时，对杆塔实际水平档距 485 m 进行校验，同一杆塔杆件极限应力超出杆塔强度 2%。即超出设计条件，可能发生倒塔故障。

综上所述，此次倒塔事故为超过设计条件的龙卷风所致。

5.2.4 预防措施及建议

故障杆塔的塔形设计安全裕度较低，根据验算，当风速为 30.7 m/s 时，对杆塔设计水平档距 550 m 进行校验，个别杆塔杆件极限应力超出杆塔强度的 2%，抵御龙卷风等恶劣天气能力较弱。

5.3 220 kV 输电线路外力破坏导致跳闸故障

5.3.1 故障情况说明

1. 故障前运行方式

某 220 kV 输电线路长 74.181 km，投运时间是 1972 年 11 月。2013 年 3 月 18—22 日，某

220 kV 输电线路停电，由该线 #188 与新建南田二线 #36 之间进行过渡，将临时南田二线间隔命名为某 220 kV 输电线路。本次故障点线路杆号为自某线 #188 杆塔顺延号。

2. 故障过程描述

2013 年 6 月 23 日 14 时 48 分，某 220 kV 输电线路 A 相故障跳闸，从小号侧往大号侧方向看，交流单回线路为左边相（A 相），交流双回线路为右下相（A 相），重合不良。故障测距为：距某 220 kV 变电站 26.14 km（186 号杆塔附近）。

3. 故障设备基本情况

故障区段主要地形为平地水田，现场位置无施工区域。故障区段基本情况见表 5-3-1。

表 5-3-1　故障区段基本情况

起始塔号	终点塔号	区段长度 /km	线路全长 /km	设计风速 /(m/s)
189	190	0.341	74.18	30
杆塔型号	导线型号	地线型号	绝缘子型号	设计覆冰厚度 /mm
—	LGJ-400/35×2	OPGW GJ-150	—	15
投运时间	1972 年 11 月 28 日			
已采取的防外力破坏措施	技防：现场已安装警告标志；人防：缩短巡视周期，特巡			

5.3.2　故障检查情况

2013 年 6 月 23 日，故障区段天气情况为：多云转晴，气温在 26~20℃间，西南风，风力 4~5 级，相对湿度为 67%。

2013 年 6 月 23 日 15 时 05 分，接到调度命令后，随即组织人员紧急赶赴现场进行故障点查找及巡视。根据故障测距数据，制定了以 220 kV 某线 #185 杆塔为中心，在 #185—#190 区段分两组进行巡视的巡检方案。考虑到现场地形因素，巡检人员判断 #187、#188、#189 杆塔发生故障的概率较高，因此对该区段进行了重点排查。15 时 55 分，巡检人员发现某线 #189 杆塔与 #190 杆塔之间有混凝土灌浆车。经现场查看，是临时停车维修，灌浆车臂碰到某线 #189 杆塔与 #190 杆塔下导线（A 相）导致跳闸，此处为故障点。

线路故障点周边无任何施工迹象，经询问当事人及周边百姓，得知混凝土灌浆车行经此区域，进行临时维修作业。作业人员（外包人员）无电力设施保护经验，意识淡薄，致使车臂误碰导线。

现场实测故障点导线最小对地距离为 13.5 m，现场已采取了加装安全警示标志的技术防范措施、缩短巡视周期的人防措施。故障现场如图 5-3-1~图 5-3-3 所示。

图 5-3-1　故障地点现场照片

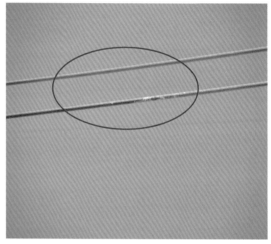

图 5-3-2　导线轻微放电点

（a）

（b）

图 5-3-3　车辆各部放电点

现场处理情况：故障发生后，公司运维检修部、安全质量监察部（保卫部）、运维单位等相关人员立即到达现场，处理此事。因肇事车辆轮胎已爆，车辆等待处理。线路周边情况如图 5-3-4~图 5-3-6 所示。

（a）　　　　　　　　　　　　　　　　（b）

图 5-3-4　线路周边已采取的物防措施

图 5-3-5　某线 #190 线路通道　　　　　图 5-3-6　某线 #189 线路通道

5.3.3 故障原因分析

1. 故障录波分析

由故障录波图可以看出，故障发生时间为 2013 年 6 月 23 日 14 时 48 分，距某 220 kV 变电站 26.14 km（#186 杆塔附近）。根据调度通知巡视北田线 #170—#200 之间，重点巡视 #185。经巡视故障点为 #189—#190，与故障测距无差异。

2. 故障原因排查

综合考虑故障区段的地理特征、气候特征、故障期间的现场情况等，结合故障录波信息、现场闪络点痕迹等，排除线路发生其他故障的可能性，确定是外力破坏故障。

3. 故障具体原因分析

根据导线放电痕迹、地面物体闪络痕迹、现场施工机械放电痕迹，结合周边地形等情况，通过对混凝土灌浆车车主进行询问得知，该车在途经此处时临时进行维修，作业人员未考虑安全距离，致使误碰导线，确认为故障点。

综上所述，本次故障为外力破坏（车碰线）造成。

5.3.4 预防措施及建议

由本次故障点查找和故障原因分析可知，对于线路周边及保护区内无施工作业、无楼盘开发等施工迹象的情况，应有效预防大型施工机械临时性在线路周边作业的情况。

5.4 220 kV 输电线路山火导致跳闸故障

5.4.1 故障情况说明

1. 故障过程描述

2014 年 10 月 15 日 14 时 27 分，220 kV 一某线 A、C 相故障跳闸，两套纵联、距离一段保护动作，开关跳闸，重合不成。保护动作情况：沈东侧两套纵联保护动作，I_{AC}=7924.5 A，L=33.09 km，巡视重点段 #141—#161，重点号 #151。重合闸后加速出口，C 相故障，I_C=4683 A，L=33.17 km。15 时 49 分，强送成功。16 时 18 分 220 kV 一某线停电。

2014 年 10 月 15 日 14 时 34 分，220 kV 二某线 C 相故障跳闸，重合不成。保护动作情况：接地距离一段保护动作，开关跳闸，I_C=6052 A，L=13.89 km；重合后，A、B 相间故障，纵联差动保护动作，I_{AB}=7566 A，L=13.17 km，巡视重点段 #29—#49，重点号 #39。15 时 39 分，强送成功。16 时 03 分，220 kV 二某线两套纵联保护动作 (重合闸已经退出)，相间距离一段保护动作，A、B 相间故障，I_{AB}=6886 A，L=12.28 km。未强送。

2. 故障设备基本情况

220 kV 一某线长 64.13 km，铁塔 186 基，投运时间是 1978 年 1 月 17 日。杆塔、绝缘子、导线、地线型号分别为 ZgD-21（#148）、ZgD-18（#149）、XMP-70+FXBW-220/100、LGJQ-240×2、GJ-50×2，设计覆冰厚度、设计风速分别为 10 mm、30 m/s。故障点始于 #148 杆塔，止于 #149 杆塔。

220 kV 二某线长 30.492 km，铁塔 90 基，投运时间是 1974 年 9 月 30 日。杆塔、绝缘子、导线、地线型号分别为 ZM2-21（#41）、ZM2-27（#42）、XMP-80+FXBW3-220/100、LGJ-185/30×2、GJ-50（左侧）、OPGW-24B1/50（右侧），设计覆冰厚度、设计风速分别为 10 mm、30 m/s。故障点在 #41—#42 杆塔之间。

故障区段主要地形为丘陵，现场位置信息为山林中。气候类型为内陆气候，常年主导风为季风。

5.4.2　故障检查情况

2014 年 10 月 15 日，故障时天气情况为：天气阴，气温为 13~15℃，西南风，风力 4~6 级。

2014 年 10 月 15 日 14 时 20 分，公司输电运检室接到群众护线员火情电话，线路附近有山火火情，立即赶往现场查看火情。

14 时 51 分，接到通知，14 时 27 分 220 kV 一某线跳闸，重合不成功；14 时 34 分 220 kV 二某线跳闸，重合不成功。紧急组织人员赶赴现场进行故障点查找及巡视。

15 时 13 分，巡视人员到达现场，发现 220 kV 一某线 #141—#149、二某线 #37—#44 线路下方有山火火情，公安消防人员正在陆续赶往现场，准备进行救火。根据现场火情情况，立即向调度汇报，不建议线路强送。因现场火情严重，现场已被消防人员封锁，巡视人员不得进入火灾现场，无法详细查找线路故障点。现场火情和烧荒痕迹如图 5-4-1、图 5-4-2 所示。

图 5-4-1　现场火情

图 5-4-2　烧荒痕迹

　　16 日 5 时左右，火情基本得到控制，巡视人员获准进入现场进行巡视。各巡视组对杆塔本体、金具、绝缘子等部件进行了详细的巡视检查。由于前日下雨道路较滑，至 7 时 47 分，各巡视组检查完毕，发现 220 kV 一某线 #148—#149（距 #148 杆塔约 40 m 处）A、C 相导线有放电烧伤痕迹，220 kV 二某线 #41—#42（距 #148 杆塔约 35 m 处）A、B、C 相导线有放电烧伤痕迹，未发现其他异常。故障情况如图 5-4-3~ 图 5-4-5 所示。

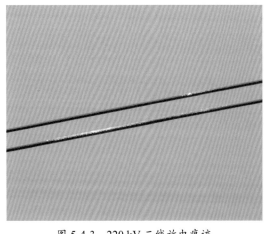

图 5-4-3　220 kV 二线放电痕迹

图 5-4-4　起火点、故障点

图 5-4-5　现场过火痕迹

5.4.3　故障原因分析

1. 故障原因排查

综合考虑故障区段的地理特征、气候特征以及故障期间的现场情况等，结合现场实际情况、闪络点痕迹等，确定是因火灾引起的本次跳闸故障。

2. 故障具体原因分析

220 kV 一某线、二某线路径处在林场内，线路防护区附近植被覆盖茂盛，且多为松树。据现场群众护线员和灭火人员介绍，10 月 15 日下午 14 时 20 分左右，附近发现烟雾，因山上松树密集、风大，火势蔓延迅猛，在极短时间内便烧到线路附近，火苗和浓烟造成 220 kV 二某线、一某线空气绝缘能力降低，空气间隙击穿，线路跳闸。

3. 已采取防外力破坏措施效果分析

风力在 4 级以上时，公司组织运行单位对防火重点地段进行特巡。10 月 15 日 9 时，输电运检室组织人员开始对沿途外力破坏点及山火重点地段进行巡视，13 时 30 分回到单位，未发现异常。通过采取群众护线员和特巡方式，发生的多起山火事件都已及时处置，未对线路安全运行造成影响，取得了一定效果。

综上所述，本次故障为山火造成。

5.4.4　预防措施及建议

百姓烧荒造成火苗窜入山林，引起山林着火。建议向当地居民普及山火的危害及预防措施。

5.5 ⚡ 220 kV 输电线路鸟粪导致跳闸故障

5.5.1　故障情况说明

1. 故障过程描述

2013 年 5 月 6 日 4 时 05 分，220 kV 某线 A 相故障跳闸，两侧纵联保护动作、距离 I 段保护动作，重合闸成功。故障测距为：清河发电厂测距为 20.38 km，某 220 kV 变电站测距为 85.7 km。重点段为 #60—#80，重点杆塔 #70 A 相。

2. 故障设备基本情况

220 kV 某线长 78.399 km，共 231 基，投运时间是 1976 年 7 月 11 日。故障杆 #68，杆塔型号为 SZ1，呼高 18 m。导线、地线型号分别为 LGJQ-240×2、1×GJ-50（左侧）、1×OPGW（右侧），绝缘子型号为 FC70D/146U、FXBW3-220/100。串型为单串。故障区段基本情况见表 5-5-1。

表 5-5-1　故障区段基本情况

起始塔号	终点塔号	投运时间	全长 /km	故障区段长度 /km	故障杆塔号	塔型
1	231	1976 年 7 月 11 日	78.399		68	SZ1
呼高 /m	导线型号（含分裂数）	地线型号	绝缘子型号	绝缘子长度（或片数）	串型	并联串数
18	LGJQ-240×2	1×GJ-50（左侧）、1×OPGW（右侧）	FC70D/146U、FXBW3-220/100	2367 mm	单串	1
已采取的防鸟害措施	防鸟刺					

5.5.2　故障检查情况

5 月 6 日，故障地点天气情况为：晴，气温在 16℃左右，西南风，风力 3~4 级。线路故障后立即组织人员进行故障点查找及巡视。登塔发现 #68 杆 A 相（上线）导线线夹、玻璃绝缘子、挂点螺栓、均压环有放电痕迹；塔身、玻璃绝缘子、复合绝缘子、导线均有鸟粪痕迹。故障情况如图 5-5-1~ 图 5-5-7 所示。

图 5-5-1　故障塔地形、地貌

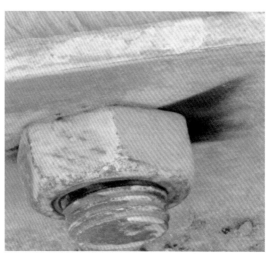

图 5-5-2　导线挂线点放电痕迹

图 5-5-3　玻璃绝缘子放电痕迹

图 5-5-4　导线线夹放电痕迹

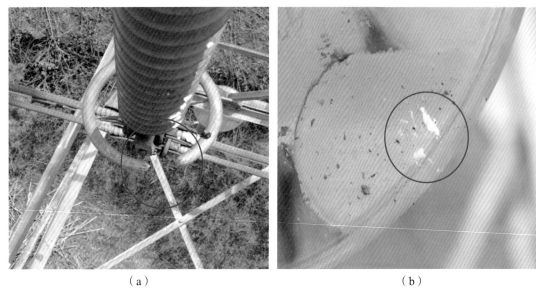

（a）　　　　　　　　　　　　　　（b）

图 5-5-5　绝缘子及导线鸟粪痕迹

图 5-5-6　塔身鸟粪痕迹　　　　　　图 5-5-7　放电通道及防鸟措施

5.5.3　故障原因分析

线路走廊地形多为山区，以农田及树林为主，候鸟临时栖息地，现场发现较大体型的鸟类活动。

发生故障时，故障地段为晴天，气温在 20℃ 左右，可以排除雷击、风偏、污闪、覆冰、舞动、外破等可能性。杆塔 A 相（上线）导线线夹、玻璃绝缘子、挂点螺栓、均压环有放电痕迹，塔身、玻璃绝缘子、复合绝缘子、导线均有鸟粪痕迹，初步确定是鸟粪闪络造成的鸟害故障。

本条线路已采取挂点附近加密安装防鸟的措施。但此种塔型，鸟类在上横担活动空间较大，鸟类可以避开防鸟措施对导线的防护。

鸟在铁塔上横担上部排便，造成导线线夹与玻璃绝缘子形成放电通道，引起线路跳闸。综上分析可知，本次故障原因为鸟粪闪络。

5.5.4　预防措施及建议

防鸟的防护范围有限，虽已在导线挂点上方采取防鸟加密措施，但此塔型上横担鸟类活动空间较大，对鸟类在上横担排便起不到保护效果。建议采取更加有效的防鸟措施。

5.6　220 kV 输电线路雷击导致跳闸故障

5.6.1　故障情况说明

1. 故障过程描述

2014 年 7 月 17 日 6 时 38 分，220 kV 一某线、二某线两套纵联保护同时动作，开关跳闸，重合成功。一某线 B、C 相故障，二某线 C 相故障。一某线在某 220 kV 变电站测距 8.93 km，故障电流 6904 A。省调通知重点地段为 #1—#32，重点塔号 #17。二某线在某 220 kV 变电站测距 6.72 km，故障电流 3670 A。调度通知重点地段为 #186—#218，重点塔号为 #201。故障发生时为雷雨天气。

2. 故障设备基本情况

故障杆塔一某线 #21（二某线 #201），地形为山地，铁塔位于山顶，经度 124.09014°、

154

纬度 40.4344°，海拔高度 178.3 m，塔型为 PSZ 直线塔，呼高 24 m，保护角 20°。外绝缘配置为复合绝缘子，接地型式为放射型接地，相邻五基杆塔的设计接地电阻值 25 Ω，实测阻值为 20、19、21、16、19 Ω。

220 kV 一某线建于 1979 年 3 月 5 日，1980 年 12 月 5 日投入运行，2008 年 12 月 1 日开始改造，2009 年 7 月 21 日改造后正式投运（#1—#80 为原线，#81—#96 为新建），起于某 220 kV 变电站，止于某 500 kV 变电站，计 96 基铁塔（其中 #30—#1 与二某线 #192—#221 同塔并架），线路全长 36.326 km。一某线 #21 距离某 220 kV 变电站 6.22 km，距离某 500 kV 变电站 30.106 km。复合绝缘子型号为 FXBW4-220/100-2240B×1。导线型号为 LGJQ-400/50。地线型号：左侧 #30—#83 为 GLJ-75 型钢绞线，右侧 #30—#83 为 OPGW 型光缆；#1—#30、#83—#96 两侧均为 OPGW 型光缆。

220 kV 二某线建于 1979 年 3 月 5 日，1980 年 12 月 5 日投入运行，起于某 220 kV 变电站，止于某 220 kV 变电站，计 221 基铁塔（其中 #192—#221 与一某线 #30—#1 同塔并架），线路全长 89.189 km。二某线 #201 距离某 220 kV 变电站 6.22 km，距离某 220 kV 变电站 82.969 km。复合绝缘子型号为 FXBW4-220/100-2420B×1。导线型号为 LGJQ-400/50。地线型号：右侧 #1—#192 为 GJ-50 型钢绞线，左侧 #1—#192 为 OPGW 型光缆；#192—#221 两侧均为 OPGW 型光缆。

5.6.2 故障检查情况

根据故障时气象数据，7 月 17 日故障发生当时为强对流天气，伴有雷电及降雨。根据雷电定位系统查询，一某线、二某线故障发生时该区段有 1 处落雷，雷电流幅值达 140.3kA，查询结果与现场巡视结果吻合。

7 月 17 日，公司登塔特巡发现 220 kV 一某线 #21（与二某线 #201 同塔并架）中线（B 相）、下线（C 相）复合绝缘子上、下端均压环有明显放电痕迹，二某线 #201（与一某线 #21 同塔并架）下线（C 相）复合绝缘子上、下端均压环有明显放电痕迹，其他部位无异常，现场运行无问题。

故障杆塔现场照片如图 5-6-1~ 图 5-6-5 所示。

图 5-6-1　复合绝缘子上端均压环放电（一）

图 5-6-2　复合绝缘子下端均压环放电（一）

图 5-6-3　复合绝缘子上端均压环放电（二）

图 5-6-4　复合绝缘子下端均压环放电（二）

图 5-6-5　一某线 #21（二某线 #201）远景

5.6.3　故障原因分析

综合分析故障区段的地理特征、气候特征以及故障时段的天气情况等，结合雷电定位系统和闪络点痕迹等信息，判定本次故障为雷击故障。

根据雷电定位系统的数据和落雷的幅值、落雷位置及现场巡视结果等方面进行分析，本次雷电流幅值为 140.3 kA，造成线路空气间隙击穿引起跳闸。

当时为雷雨天气，根据现场登检时拍摄到的放电痕迹照片，由放电痕迹分析此次闪络放电通道属于典型的雷击放电，本次雷击放电属于反击雷。

故障杆塔有避雷线作为保护，现场实测接地电阻基本符合设计电阻要求，但是从现场地形地貌分析，故障杆塔位于山顶，且杆塔较高，易遭受雷击。

5.6.4　预防措施及建议

虽然实测接地体电阻基本符合设计电阻值，但是杆塔位于山顶且杆塔较高，易遭受雷击，在雷电流过大的情况下，仍可能被击穿，防雷工作仍需加强。

5.7　220 kV 输电线路合成绝缘子破损导致跳闸故障

5.7.1　故障情况说明

1. 故障过程描述

2010 年 6 月 14 日 4 时 04 分，某线 B 相故障跳闸（重合闸停用中）。保护动作情况：①电厂侧：两套纵联保护动作，I_B=13064 A，$3I_0$=13064 A，L=11.08 km；②某 220 kV 变电站侧，两套纵联保护、距离一段、零序一段保护动作，I_B=7416 A，$3I_0$=14400 A，L=12.07 km。故障时为大雾天气，空气湿度 100%。

2. 故障设备基本情况

220 kV 某线于 1998 年 6 月 12 日投入运行，同塔双回线路，回长 25.377 km，共计 94 基杆塔。导线型号为双分裂 LGJ-300/40 钢芯铝绞线，地线为 OPGW 光缆；悬垂串绝缘子为大连电瓷集团股份有限公司生产的 FXBW-220/100 复合绝缘子。

5.7.2　故障检查情况

巡视检查发现 220 kV 某线 #43 直线塔 B 相（中线）双串合成绝缘子中大号侧合成绝缘子上下均压环有不同程度的烧伤痕迹，合成绝缘子护套贯穿性破损，芯棒腐蚀外露。故障情况如图 5-7-1~ 图 5-7-3 所示。

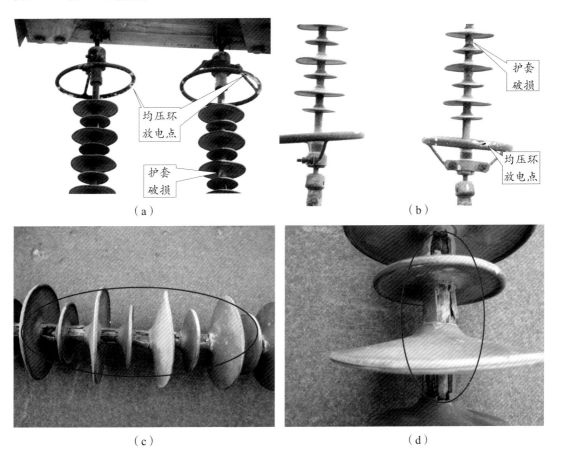

图 5-7-1　#43 直线塔 B 相大号侧绝缘子故障情况

图 5-7-2　电蚀痕迹

图 5-7-3　护套放电孔隙

对 220 kV 某线故障绝缘子及另外三支同批次、同型号复合绝缘子进行了相关试验，具体如下。

1. 试品情况

试品情况见表 5-7-1。

表 5-7-1　某线复合绝缘子试品情况

试品编号	安装位置	额定机械负荷 / kN	出厂日期	外观情况	备注
1#	某线 #43 B 相大号侧	100	1998 年 3 月	护套损坏严重，界面有贯穿性放电通道	故障绝缘子
2#	某线 #43 B 相小号侧	100	1998 年 3 月	有电蚀痕迹，护套有放电孔隙	
3#	某线 #43 C 相大号侧	100	1998 年 3 月	护套有放电孔隙	
4#	某线 #43 C 相小号侧	100	1998 年 3 月		

2. 憎水性检查

采用喷水分级法进行憎水性测试，四支试品憎水性均为 HC2~HC3 级，如图 5-7-4 所示。

（a）B相大号侧 （b）B相小号侧

（c）C相大号侧 （d）C相小号侧

图 5-7-4 某线 #43 复合绝缘子试品憎水性检查情况

3. 人工雾工频耐压试验

本试验在人工雾实验室进行，人工雾由清洁水蒸气构成。当试品充分受潮至饱和状态时，对试品施加最高运行相电压 146 kV，耐受 15 min，观察试品放电情况。人工雾工频耐压试验结果见表 5-7-2。

表 5-7-2　人工雾工频耐压试验结果

编号	电压等级 /kV	耐压时间 /min	结果
#1	146	15	未发生闪络，但有较强放电现象
#2	146	15	未发生闪络，无明显放电现象
#3	146	15	未发生闪络，无明显放电现象
#4	146	15	未发生闪络，无明显放电现象

4. 人工雾工频闪络试验

本试验在人工雾实验室进行，人工雾由清洁水蒸气构成。当试品充分受潮至饱和状态时，施加电压至试品闪络。试品闪络 3 次，两次间隔的时间为 1 min。若电压加至 500 kV 试品未发生闪络，则认为通过此项试验。人工雾工频闪络试验结果见表 5-7-3。

表 5-7-3　人工雾工频闪络试验结果

编号	闪络电压 / kV		
#1	158.9	86.5	85.3
#2	电压加至 500 kV 试品未发生闪络		
#3	电压加至 500 kV 试品未发生闪络		
#4	电压加至 500 kV 试品未发生闪络		

5. 破坏机械负荷试验

本试验在 1000 kN 拉力机上进行。当破坏机械负荷大于额定机械负荷时，认为通过此项试验。破坏机械负荷试验结果见表 5-7-4。

表 5-7-4　破坏机械负荷试验结果

编号	额定机械负荷 /kN	破坏机械负荷 /kN	结果	备注
#1	100	65.5	未通过	
#2	100	153	通过	
#3	100	159	通过	
#4	100	156	通过	

对于良好的复合绝缘子而言，两端金具及金具与芯棒的连接部位是其机械强度最为薄弱的环节。某线 #43 B 相大号侧复合绝缘子由于发生贯穿性放电，致使芯棒的机械性能也大幅度减弱，破坏机械负荷仅为 65.5 kN，且在芯棒中间断裂。断裂情况如图 5-7-5 所示。

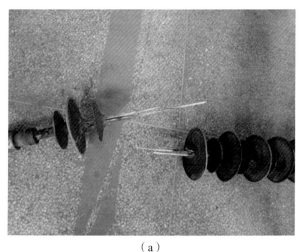

（a）　　　　　　　　　　　　　　　　（b）

图 5-7-5　某线 #43 B 相大号侧绝缘子与其他试品断裂处对比

6. 解剖检查

剥去某线 #43 C 相大号侧、#43 B 相小号侧复合绝缘子护套放电孔隙周围的硅橡胶，对芯棒进行检查发现：放电孔隙内部芯棒存在局部放电痕迹，部分芯棒已出现老化破损现象。棒芯情况如图 5-7-6 所示。

（a）#1 试品　　　　　　　　　　　　　（b）#2 试品

图 5-7-6　试品芯棒受损情况对比

（c）#3 试品　　　　　　　　　　　　　　（d）#4 试品

图 5-7-6　（续）

5.7.3　故障原因分析

该批次复合绝缘子投运于 1998 年。在长期运行中，受大气环境、强电磁场的联合作用，硅橡胶伞群、护套逐渐老化。老化后硅橡胶的结构特性发生改变，主要显微特征是材质疏松、填料外露、多孔洞，深度老化的材质甚至出现完全疏松化，看不到明显有机物结构。在强电场作用下，硅橡胶护套由于局部放电而出现孔隙。孔隙出现后，其周围电场更加不均匀，另外芯棒与护套界面直接受空气中水分影响，造成护套、芯棒老化速度进一步加剧，界面放电逐渐延伸，芯棒外露腐蚀逐步扩大。最终形成整支绝缘子沿界面发生绝缘击穿，致使线路跳闸。

强电场在裸露、老化的芯棒内部会形成树枝状放电通道。电晕放电与空气中的水分反应会产生一定量的酸，酸长期腐蚀芯棒截面，上述二者相互促进，加速了芯棒老化，造成芯棒的机械强度明显下降。

由于早期复合绝缘子欠缺运行经验，行业对复合绝缘子实际运行情况了解不够，国家标准制定要求、厂家制造工艺等方面均存在不足。早期复合绝缘子没有考虑芯棒耐酸性能，造成芯棒裸露后耐酸性较差，电场和酸性物质双重作用加剧了芯棒破损速度，同时也加快了表面护套的老化速度，而表面护套的不断破损又促进了芯棒的破损，形成恶性循环。

复合绝缘子高压端护套首先出现放电孔隙，主要是由于高压导线侧绝缘子承受的电场最强，轴向中间位置承受的场强最弱，在塔杆侧承受的场强次之。同时，就相同轴向位置伞裙来讲，靠近芯棒部位的电场强度要明显高于靠近伞裙边沿部位。

5.7.4　预防措施及建议

（1）对某线及其他使用同类型复合绝缘子（2001 年前投运）的 220 kV 线路，安排登塔对复合绝缘子外观进行检查，主要查看伞裙、护套及端部密封段是否存在龟裂、破损、穿孔等现象。

（2）在适当天气条件下，利用红外成像、紫外成像、电位分步等技术对复合绝缘子进行检测。

5.8　220 kV 输电线路玻璃绝缘子自爆导致跳闸故障

5.8.1　故障情况说明

1. 故障过程描述

2014 年 7 月 21 日 14 时 25 分，220 kV 某线 A 相开关跳闸，重合不良，故障前天气情况为高温天气，故障时段天气情况为雷暴雨大风。16 时 03 分，强送不良。220 kV 某线保护动作情况为过流一段、距离一段距离保护动作，测距显示故障点距离某 220 kV 变电站 13.63 km。

2. 故障设备基本情况

220 kV 某线 #1—#74 线路全长为 25.735 km，铁塔 74 基，直线塔 49 基，耐张塔 25 基。220 kV 某线 #1—#35 与 220 kV 王代一线 #1—#35 同塔并架，220 kV 某线在杆号增加方向右侧，黄色标记。投运时间是 2007 年 3 月 14 日。

故障段为 220 kV 某线 #35—#36，为孤立档。故障杆塔为 #35，经度 122° 49′ 59.67″、纬度 40° 45′ 52.37″，型号为 J12-18，呼高 18 m，全高 36.6 m。导线型号为 2×LGJ-400/35。地线型号：#1—#35 为 OPGW1-24-90；#35—#74，左 GJ-50，右 OPGW1-24-153。上、中、下相绝缘配合为 FC120P/146×18 片 ×2 串。故障杆塔 220 kV 某线 #35 位于山区、丘陵地带，距离

工业园区 1.8 km，为镁制品工业园重污区，污染物主要以腐蚀性气体和易结垢金属粉尘为主。现场位置为山顶迎风侧，东南侧为山坳，常年主导风为东南风，风速为 5~30m/s，近 8 年该线路共发生雷击 1 次，重合闸成功 1 次，造成故障停运 0 次。故障区段基本情况见表 5-8-1，故障区段绝缘配置见表 5-8-2。

表 5-8-1　故障区段基本情况

起始塔号	终止塔号	区段长度 /km	线路长度 /km	故障杆塔号	故障杆塔型号
#35	#36	0.165	25.735	#35	J11-18
导线型号	地线型号	积污周期	设计污秽等级	故障区段在新版污区分布图中的污秽等级	故障段周边主要污染源
2×LGJ-400/35	左：GJ-50 右：OPGW1-24-153	1 年	e	e	电熔镁制品

表 5-8-2　故障区段绝缘配置

杆塔号	绝缘子配置				
	型号及片数	串型	并联串数	串长 /mm	统一爬电比距 /（mm/kV）
#35	FC120P/146×18	拉串	2	2628	36.8

5.8.2　故障检查情况

地区气象站在故障时段观测的气象数据显示，7 月 21 日 14—15 时，故障杆塔所在位置天气情况：雷暴雨，气温在 18~25℃间，东南风，风力 5 级，相对湿度 92%，降水量 35 mm。

7 月 21 日 14 时 25 分，当时为雷暴雨天气，输电运检室随即组织人员冒雨紧急赶赴现场进行故障点查找及巡视。根据故障测距数据，220 kV 某线保护动作情况为过流一段、距离一段保护动作，测距显示故障点距离某 220 kV 变电站 13.63 km。经技术人员计算，制定以 220 kV 某线 #34 杆塔为中心，在 #32—#36 区段进行巡视的巡检方案。考虑现场地形因素及当时正是雷暴雨天气，巡检人员判断 220 kV 某线 #35—#36 杆塔发生故障的概率较高，因此对该区段进行了重点排查。当日 15 时 10 分，特巡人员抵达故障区段并开展地面检查；15 时 15 分，特巡人员对 220 kV 某线 #35 进行检查，发现 220 kV 某线 #35 A 相（下线）大号侧左拉串玻璃绝缘子自爆 15 片，良好绝缘子仅剩 3 片。

7月21日15时10分，现场巡视时，故障区段为雷暴雨，气温为18~25℃，东南风，风力5级，相对湿度92%，降水量35 mm。现场巡视发现某线 #35—#36 导线出现舞动。图 5-8-1 所示为某线 #35（雷暴雨天气现场情况照片）。

现场地形复杂多变，地形以山区、丘陵为主，海拔高度为183.9 m，故障杆塔地处山梁，南侧山坳，周边主要污染源为镁制品工业园区，故障串如图 5-8-2、图 5-8-3 所示。

图 5-8-1　某线 #35
（雷暴雨天气现场，故障情况照片）

图 5-8-2　某线 #35（故障设备在杆塔上位置）

钢化玻璃绝缘子集中自爆15片

图 5-8-3　某线 #35
（玻璃绝缘子自爆的局部清晰照片）

5.8.3　故障原因分析

1. 故障原因排查与初步分析

（1）220 kV 某线 #35 塔地处 #35—#36 之间，处于山坳顶端，南侧是山坳，北侧是山顶，通道内无超高树木、漂浮物等影响，排除外力破坏的可能。

（2）天气冷热骤变，对钢化玻璃绝缘子造成很大影响。7月12日—7月21日海城气温一直在30℃以上，最高时为34℃，7月21日下午突然下雨，温差达到20℃左右。钢化玻璃绝缘子易发生自爆。累计发现并更换自爆玻璃绝缘子 36 片，劣化率占 220 kV 某线玻璃绝缘子的 0.65%。

（3）220 kV 某线 #35 塔处于严重的镁制品金属型污染源地区，e 级污区。#35 塔距离山下的污染源电熔镁、轻烧镁车间只有 1.8 km 左右，积污严重，长时间化学积污效应严重。金属粉尘颗粒长期积附在绝缘子表面，很难分离，造成爬电距离减小，泄漏电流增大，钢脚及钢冒处场强集中的地方，绝缘子内部受到严重的损伤。钢化玻璃绝缘子易发生集中自爆。

（4）地形与线路的走向原因导致积污的影响严重。#35—#36 塔处于山坳顶端，南侧是山坳，北侧是山顶，绝缘子接受阳光照射面积较大。污染源在南侧，几乎与线路走向垂直，吸附性污染及沉降性污染较多，南侧来的污染都集中落在并行串的迎风侧，南北方向来的雨都不能冲刷绝缘子槽内积污，造成积污严重。（内侧较轻，朝向南侧的绝缘子面部及槽部，南北方向来的雨都能冲刷到，积污较轻。）

（5）2009 年 11 月 19 日某线 #35 发生过玻璃绝缘子集中自爆 12 片，及时进行了处理。

（6）以上条件综合作用时，温度高，有泄漏电流使得局部温度升高，污染严重，使得温差进一步加大，此时下冷雨，导致绝缘子自爆增强、增多，造成线路跳闸。

初步分析：钢化玻璃绝缘子在重污区集中自爆，造成 220 kV 某线 #35 A 相故障。

2. 故障绝缘子现场状态检测

（1）对绝缘子进行外观检查，玻璃绝缘子自爆 16 片（单串总数 18 片）、钢脚及铁帽锈蚀、钢脚弯曲。

（2）查看绝缘子表面有白色硬粉颗粒污秽附，非常牢固，棱内积污，如图 5-8-4 所示。

图 5-8-4　故障现场绝缘子状态

3. 故障原因分析结论

（1）根据检测结果，分析可知，事故主要是由绝缘子所处恶劣运行环境所致。因此，在绝缘子选型时，应选用与运行环境类型相适应的绝缘子。

（2）由于自爆绝缘子杆塔所处运行环境污秽物中含有大量的镁粉，而镁粉是以单质的形态存在，导致绝缘子串表面污秽放电，玻璃绝缘子自爆。

5.8.4　预防措施及建议

在重污染地区采用深棱绝缘子不合理，起不到防污效果。建议该污染源区附近可选用大爬距、自洁性能好的空气动力型瓷绝缘子或磁芯复合绝缘子，并加强绝缘子的清扫。

5.9　500 kV 输电线路绝缘子球头断裂导致跳闸故障

5.9.1　故障情况说明

1. 故障过程描述

2015 年 2 月 7 日 8 时 39 分，500 kV 丹海 #2 线 A 相故障，线路两侧开关单相跳闸重合不成功。某海 500 kV 变电站侧：测距 35.32 km，故障电流 6400 A；某丹 500 kV 变电站侧：测距 78.5 km，故障电流 4616 A。9 时 15 分某丹 500 kV 变电站侧强送，强送不成功，故障电流为 6220 A，测距 62.9 km。

2. 故障设备基本情况

500 kV 丹海 #2 线起于某丹 500 kV 变电站，止于某海 500 kV 变电站，全线与丹海 #1 线同杆塔架设，2009 年 10 月 22 日投运，线路全长 115.826 km，导线型号 LGJ-400/35×4（铝线 48 股，钢芯 7 股），地线型号 JLB40-150，杆塔 254 基。

故障杆塔为 #168，杆塔型式为 SZK-63。#168 塔两侧档距为 505 m、479 m；#168 塔水平档距 492 m、垂直档距 599 m。绝缘子配置为 FXBW-500/180×3，为某公司生产。故障区段及相邻设备基本情况见表 5-9-1 及表 5-9-2。

表 5-9-1　故障区段基本情况

起始塔号	终点塔号	投运时间	全长 /km	故障区段长度 /km	
168	168	2009-10-22	115.826	0	
设计气象区	设计风速 / （m/s）	故障杆塔号	故障杆塔型号	呼高 /m	转角度数 /（°）
Ⅶ	35	168	SZK	63	0
导线（或跳线）型号（含分裂数）	地线型号	串型及并联串数		绝缘配合	
		边相	中相	边相	中相
LGJ-400/35 四分裂	JLB40-150	Ⅰ串 1	Ⅰ串 1	FXBW-500/180 4450	FXBW-500/180 4450

表 5-9-2　故障区段相邻设备基本情况

杆塔号	杆塔型号	呼高 /m	杆塔高 /m	杆塔类型	档距 / m	水平档距 /m	垂直档距 /m
165	5E-SZC3 5E-SZC4	51 54	75.4 78.95	直线	—	515	450
166	5E-SZC3 SZK	45 63	75.4 78.4	直线	790	625	768
167	SZK 5E-SZC3	66 45	78.4 75.4	直线	460	482	420
168	5E-SZC3 5E-SZC3	45 51	75.4 75.4	直线	505	492	599
169	5E-SZC4 5E-SZC3	54 45	78.95 75.4	直线	479 460	552	374
170	SZK SZK	63 66	78.4 78.4	直线	295 479	632	577
171	5E-SZC3	45	75.4	直线	619	447	495

5.9.2　故障检查情况

接到调度故障信息后，公司随即组织人员赶赴现场进行故障点查找。根据天气、相别、线别等信息，排除了树害、冰闪、外破、鸟害及污闪等可能性，根据测距信息制订了以丹海 #2 线 #137、#176 杆塔为重点的巡视计划。

经故障巡视发现丹海 #2 线 #168 塔中线（A 相）与复合绝缘子串脱离，导线掉落在下横担上。登塔详细检查发现复合绝缘子在下端（高压侧）球头处断裂，导线损伤 7 股。

2 月 8 日 20 时 05 分丹海 #1 线抢修作业结束，故障消除，现场情况如图 5-9-1～图 5-9-4 所示。

图 5-9-1　#168 塔现场地形情况图

图 5-9-2　中相导线落在下横担上

图 5-9-3　断裂的复合绝缘子球头

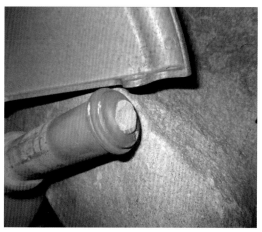

图 5-9-4　复合绝缘子芯棒侧

5.9.3 故障原因分析

绝缘子球头有明显弯曲变形，说明球头受到的外力超过了材质的屈服强度，外力过载导致球头弯曲变形不能恢复原样。

从球头断口形貌可以看到，有占很小面积的旧断口以及占大部分面积的新断口，新断口宏观呈放射状图样。球头旧断口的边缘（起裂区）微观形貌由微小的韧窝组成，说明边缘最开始的裂纹是通过塑性变形形成的。

新断口放射区的微观形貌为河流状花样，为解离断裂特征，而不是韧窝断裂，说明断裂过程是脆性断裂。脆性断裂在断裂前不产生明显的宏观塑性变形，没有明显征兆，表现为突然发生的快速断裂。

该线路发生过舞动，舞动造成球头弯曲，由于长期受拉直力作用，弯曲内侧出现裂纹，长期受拉直力及振动作用金属疲劳，导致了球头的瞬间快速断裂。断裂情况如图 5-9-5～图 5-9-11所示。

从碗头的磨损痕迹来看，磨损痕迹在导线的轴向侧。在正常工况下，导线侧碗头开口朝向线路中心内侧，与导线的轴向垂直。由于杆塔前后导线张力处于平衡状态，不会产生顺线路方向的剪切力，球头与碗头不会发生顺线方向的磨损。将球头与碗头复位后观察，球头磨损的位置靠上，在正常运行状态下，磨损不到该位置，并且断串前的球头磨损痕迹与碗头磨损痕迹呈

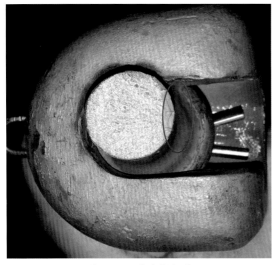

图 5-9-5　球头侧断茬

图 5-9-6　另一侧断茬

图 5-9-7 球头磨损痕迹

图 5-9-8 球头根部断裂

图 5-9-9 碗头磨损痕迹

图 5-9-10 端部氧化痕迹

180° 相对位置，可推断出该塔应发生过导线舞动，并且绝缘子串因舞动发生转动。

从历史舞动记录和碗头磨损痕迹来推断，2009 年丹海二线 #168 塔线路区段应发生过线路舞动，但未跳闸。线路舞动产生的动能造成线路呈上下波浪形抖动，对复合绝缘子球头可产生顺线路方向的巨大剪切力，造成球头侧弯曲，并对碗头造成顺线路方向的磨损。

绝缘子整串长度为 4.5 m 左右，球头弯曲变形后，一侧为受压侧（弯曲内侧），另一侧为拉伸侧（弯曲外侧）。由于导线自重原因（约 4 t），对已弯曲的球头产生向下的拉力，受压侧（弯曲内侧）承受的拉力相对更大，同时产生横向的剪切分力，且该部位为球头根部的变径位置，变径坡度呈 90°，属于绝缘子串最薄弱位置。

在横向剪切力和长期的微风振动的共同作用下，该部位会产生金属疲劳，逐步发展成裂痕。最初发生裂痕后，球头的强度仍能满足承载能力，裂痕开口处逐步氧化变色。从旧裂痕的痕迹上可以看出 2~3 层褶皱，说明该裂痕并非一次产生，而是逐年累积的，该部位金属疲劳加重，裂痕逐步发展并氧化。

图 5-9-11 球头弯曲后受力情况分析

5.9.4 预防措施及建议

这种球头弯曲属小概率事件，且人工检查难以发现，建议安排无人机进行巡航检查。绝缘子厂家的绝缘子球头侧端部设计易发生类似故障。绝缘子球头的金属部分弯曲后易发生脆断。

5.10 500 kV 输电线路绝缘子串覆冰闪络故障

5.10.1 故障情况说明

1. 故障过程描述

2012 年 2 月 23 日 21 时 17 分，500 kV 某线跳闸，故障相别 C 相，重合成功。林金 500 kV 变电站侧：纵联保护动作，距离 I 段保护动作，重合闸动作，测距为 12.9 km，故障相电流为 12440 A。林黄 500 kV 变电站侧：故障电流为 2 880 A，测距为 118.6 km。

21 时 37 分，某线 B 相跳闸，重合成功。林金 500 kV 变电站侧：测距为 6.61 km，故障电流为 15360 A；林黄 500 kV 变电站侧：测距为 121.4 km，故障电流为 2680 A。

24 时 00 分，某线 B 相跳闸，重合不成功。林金 500 kV 变电站侧：测距为 11.4 km，故障相电流为 13600 A；林黄 500 kV 变电站侧：测距为 118 km，故障电流为 2800 A。

2. 故障设备基本情况

500 kV 某线全长 138.764 km，铁塔 332 基，故障区段为单回路。导线、地线型号分别为 4×LGJ-400/35、4×LGJQ-300 和 GJ-80、LGJ-95/55。该线路原为庄金线，经 π 接后，2007 年 6 月 28 日投运，故障线路基本情况见表 5-10-1。

表 5-10-1　故障线路基本情况

线路起始塔号	线路终止塔号	线路长度 /km	故障杆塔号	故障杆塔型号
1	332	138.764	297	JHG1-24
			307	ZM7-36

导线型号	地线型号	2011 年污区分布图中的污秽等级	故障段周边主要污染源
4×LGJ-400/35 4×LGJQ-300	GJ-80、LGJ-95/55	c	无

5.10.2　故障检查情况

2 月 23 日晚，故障区段天气情况为：雾霾天气，气温为 –1~5℃，东南风 4~5 级，相对湿度为 100%。

2 月 23 日 21 时 39 分，公司接到调度命令后，立即连夜组织人员对线路进行故障巡视，巡视人员发现 #297 杆塔 B 相引流线吊线绝缘子串有弧光，在 24 时 00 分绝缘子炸裂，吊线串断裂脱落。

下午巡视人员发现 #307 杆塔 C 相绝缘子、均压环、导线和塔材均有放电痕迹。

#297、#307 杆塔位于亮甲店镇境内，#297 杆塔型号为 JHG1-24，呼高 24 m；#307 杆塔型号为 ZM7-36，呼高 36 m。故障杆塔在污区分布图中的污秽等级为 c，周边无污染源。#297 杆塔距林金 500 kV 变电站 13.653 km，距林黄 500 kV 变电站 125.111 km。#307 杆塔距林金

500 kV 变电站 9.352 km，距林黄 500 kV 变电站 129.412 km。

故障杆塔绝缘配置情况：故障杆塔 #297、#307 绝缘子的型号及片数为 XWP-7×30、XWP2-160×28，长度为 4380 mm、4340 mm，统一爬电比距为 37.8 mm/kV、39.7 mm/kV。按照《电力系统污区分级与外绝缘选择标准》（Q/GDW152—2006），c 级污秽区标准要求为 31~39 mm/kV，该塔绝缘配置满足要求。故障情况如图 5-10-1~ 图 5-10-11 所示。

图 5-10-1　#297 杆塔全景照片

（a）

（b）

图 5-10-2　#297 杆塔塔材及导线上覆冰

图 5-10-3　#297 杆塔引流绝缘子串

图 5-10-4　#297 杆塔放电通道示意图

图 5-10-5　#297 杆塔导线端放电点

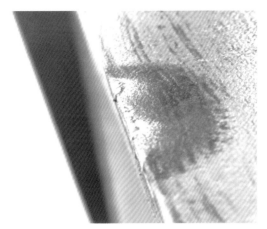

图 5-10-6　#297 杆塔横担端放电点

（a）

（b）

图 5-10-7　掉落地面的绝缘子

图 5-10-8　#307 杆塔全景照片

图 5-10-9　#307 杆塔导线均压环

图 5-10-10　#307 杆塔横担端　　　　　图 5-10-11　#307 杆塔横担端绝缘子

5.10.3　故障原因分析

根据故障期间的气象条件和现场闪络痕迹，对本次故障原因进行了分析。故障区段位于亮甲店镇，连续多日雾霾，2 月 23 日晚该地区空气污染指数为 280~300 μg/m³，属于重度污染，空气中所含颗粒物较多，空气湿度为 100%，温度在 −1~5℃。21 时 17 分温度逐渐降低，湿度逐渐饱和，大雾及融冰在杆塔、绝缘子串、导线上形成冰体或冰晶体表面水膜，降低了整个覆冰绝缘子串的闪络电压，导致 #307 杆塔 C 相故障跳闸，重合成功。#297 杆塔 B 相出现同样情况，线路跳闸，重合成功。24 时 02 分，引流线吊线绝缘子串在放电弧光的连续烧灼下，绝缘子受热炸裂、脱落，造成故障。

综上所述，故障区段在连续雾霾的影响下发生了微气象，雾大、湿度大，深夜形成覆冰，大雾及融冰过程中冰体或冰晶体表面水膜降低了整个覆冰绝缘子串的闪络电压，造成绝缘子冰闪跳闸。#297 杆塔跳线绝缘子串存在零值，冰闪跳闸产生的热量导致绝缘子炸裂，绝缘子串脱落，造成重合不成功。

5.10.4　预防措施及建议

进行绝缘子特扫及零值测试工作，对防冰闪绝缘子进行改造。

5.11 500 kV 输电线路舞动导致跳闸故障

5.11.1 故障情况说明

1. 故障前运行方式

某 500 kV 线路 2009 年 6 月投运，线路全长 153.765 km，铁塔 369 基。#460—#577 与科沙 #2 线同塔并架，处于平原地形，线路东西走向，导线上中下排列，为 2 级舞动区。导线型号：4 × LGJ-630/45。#567—#568 档距 441 m，6 组间隔棒。

故障发生时的天气情况：2012 年 12 月 3 日跳闸时当地为大雪，北风 5~6 级，气温为 −10~ −1℃。

某线路自投运以来，截至 2012 年 12 月 3 日，共发生 3 条次因舞动造成的线路跳闸，分别为 2009 年 3 月 1 条次，2010 年 1 月 1 条次，2012 年 2 月 1 条次。为防止因导线舞动造成的线路跳闸，2010—2011 年，完成了故障区段内，相间间隔棒 209—456，线夹回转间隔棒 234—235、236—237、244—246、398—399、403—405、406—407、460—463、505—508、521—523 等的防舞改造工作。截至目前防舞效果良好，在本次舞动中，采取防舞措施地段并未发生舞动。

2. 故障过程描述

2012 年 12 月 3 日 9 时 30 分，500 kV 某 #1 线左上相（A 相）接地故障，开关三相跳闸，重合良好。故障相电流为 31060 A，保护测距为 2.375 km（#567—#568 杆塔附近）。

3. 故障设备基本情况

故障区段基本情况见表 5-11-1。

表 5-11-1　故障区段基本情况

起始塔号	终点塔号	故障区段长度 /km	故障区段档距 /m	故障区段高差 /m	线路全长 /km	设计风速 / (m/s)	设计覆冰厚度 /mm
567	568	0.441	441	21	153.765	15	10

杆塔型号	杆塔回数 / 是否紧凑型线路	导线型号（含分裂数，排列方式）	地线型号	绝缘子型号	舞动区分级
SZ3-48 SJ1-27	双 / 否	4×LGJ-630/45，4 分裂，垂直排列	LBGJ-150-40AC(左) OPGW(右)	FXBW4-500/210 FC400/205	二级

5.11.2　故障检查情况

故障发生后，2012 年 12 月 3 日 9 时 30 分，公司随即组织人员紧急赶赴现场进行故障点查找。根据故障测距数据，制订了以 500 kV 某 #1 线 #561—#572 杆塔为中心，在 #561—#572 区段分 3 组进行巡视的巡检方案。考虑到现场地形因素，并询问当地村民，巡检人员判断 #565—#569 杆塔发生故障的概率较高，因此对该区段进行了重点排查。各组陆续抵达故障区段并开展地面检查。11 时 30 分，经巡视发现某 #1 线 #567—#568A 相导线（A 相为上线）和地线有放电痕迹，经确定此处为跳闸故障点。故障情况如图 5-11-1~ 图 5-11-3 所示。

图 5-11-1　现场覆冰照片

图 5-11-2　某线 #568 塔

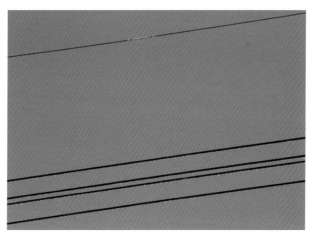

图 5-11-3　导线及架空地线放电点

5.11.3　故障原因分析

1. 气象站气象情况

故障发生时，与气象台联络，查询与故障区段最近的气象站气象资料。该气象站距离故障区段约 20 km。

2012 年 12 月 3 日 9 时，风向是北风，温度为 –10℃，湿度为 80%，平均风速为 12 m/s，最大覆冰厚度为 15 mm，最大风速和极大风速分别为 15 m/s 和 18 m/s。之后，3 日中午，天气的变化情况为晴天。

2. 现场观测情况

2012 年 12 月 3 日 10 时，运维人员抵达故障区域，发现现场降大雪，经询问当地居民，得知 3 日 4 时开始降雪，现场铁塔及植被覆冰厚度为 10 mm，导线上覆冰厚度为 15 mm。现场导线发生舞动现象。

结论：综上所述，本次故障为导线覆冰舞动造成导线与架空地线距离不足，引起导线对架空地线放电。

5.11.4　预防措施及建议

部分 500 kV 输电线路已经安装防舞装置，并且安装防舞装置的地段并没有出现舞动现象，说明防舞装置起到了一定的防舞效果，应加强防舞治理。

第6章 互感器故障案例汇编

6.1 220 kV 电流互感器油色谱异常故障

6.1.1 故障情况说明

1. 故障过程描述

2013 年 3 月 15 日，某 220 kV 变电站甲线 B 相电流互感器带电取绝缘油色谱试验，发现氢气含量超标，其值为 199.56 μL/L，其余指标合格，A、C 两相氢气含量均为 20 μL/L。3 月 22 日和 3 月 25 日各取 1 次绝缘油样分析，A、C 两相没变化，B 相电流互感器氢气少量增长，分别为 206.86 μL/L、292.58 μL/L，见表 6-1-1。运行人员现场检查设备外观无异常，绝缘油位正常，红外测温结果正常，三相均为 26℃，一周内最大电流为 200 A。

表 6-1-1　甲线 B 相电流互感器色谱数据　　　　　　　　　　　　　　μL/L

取样日期	H$_2$	CH$_4$	C$_2$H$_6$	C$_2$H$_4$	C$_2$H$_2$	总烃	CO	CO$_2$	耐压	微水
2012-10-24	0	0.7	0	1.3	0	2	174	1146		
2013-03-15	199.56	34.13	3.12	0.62	0	37.87	223.9	577.48		
2013-03-22	206.86	34.21	3.13	0.67	0	38.01	169.58	563.94		
2013-03-25	292.58	38.39	3.87	0.84	0	43.1	161.54	523.68	46	10

2. 故障设备基本情况

该电流互感器为沈阳变压器厂产品，设备型号为 LCWB7-220W1，1998 年 6 月出厂，2002 年 12 月投运。

6.1.2　故障检查情况

1. 外观检查

B 相电流互感器外观检查完好，未见瓷套裂纹、漏油迹象，外刷 RTV 涂料，如图 6-1-1 所示。

2. 试验验证

1）局部放电测量

预加电压：316 kV。

测试电压：252.0 kV；视在放电量：32 pC。

测试电压：174.6 kV；视在放电量：18 pC。

高压试验结果，局部放电 32 pC，高于相关标准小于 10 pC 的要求。

2）介质损耗测量

介质损耗试验结果符合相关标准要求，见表 6-1-2。

图 6-1-1　B 相电流互感器现场图

表 6-1-2　介质损耗测量结果（室温：22℃，相对湿度：62%）

施加电压 /kV	末屏	10	73	146
介损值 /%	1.38	0.248	0.291	0.311
电容量 /pF	415	856	856	857

3）试验前后绝缘油试验

高压试验前后绝缘油色谱数据见表 6-1-3。

表 6-1-3　试验前后绝缘油色谱数据　　　　　μL/L

采样	CO	CO₂	H₂	CH₄	C₂H₆	C₂H₄	C₂H₂	总烃
试验前	150	5345	28644	789	37	0	0	827
试验后	165	5380	29013	810	42	0	0	852

注：试验后的油样取自电流互感器上端，膨胀器附近。

色谱成绩中氢气严重超标、甲烷超标，可能内部有低能放电现象存在。

高压试验后，对绝缘油进行耐压和微水试验结果如下：

绝缘油耐压：52 kV ；绝缘油中微水：10 mg/L。

3. 解体检查

膨胀器内有绝缘油，膨胀器正常，未见波纹鼓起，如图 6-1-2 所示。一次引线连接板正常，未见螺丝松动现象、无放电烧损痕迹，如图 6-1-3 所示。

图 6-1-2　膨胀器检查　　　　　　　图 6-1-3　一次引线连接板

二次绕组外观及引出线正常，未见异常现象，如图 6-1-4 所示。

一次绕组电容屏外观无异常，多个紧固一次绕组电容屏绝缘垫块的螺栓松动，用手轻易即可转动，如图 6-1-5 所示。

打开末屏，发现末屏引线与铜带连接处有烧损痕迹，有一侧出现黑色痕迹，另一侧是过热（绝缘纸颜色变深）痕迹，如图 6-1-6、图 6-1-7 所示。

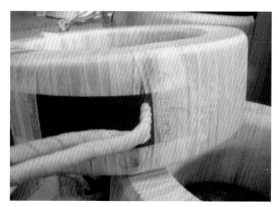

图 6-1-4　电流互感器二次绕组检查情况

图 6-1-5　一次绕组绝缘垫块紧固螺栓

图 6-1-6　末屏铜带及连接引线烧损

图 6-1-7　末屏引线处绝缘纸烧损情况

6.1.3　故障原因分析

1. 检查结果

甲线 B 相电流互感器的色谱试验成绩现场与返厂结果出入很大，总体均表明 H_2 超标，但二者数据相差 100 倍，返厂比现场大 100 倍，可能是取油样方式不同造成的；同样，CH_4 数值出入很大，返厂数据比现场数据大 20 倍；CO_2 的色谱成绩为 5345 μL/L，也说明电流互感器绝缘纸存在老化、碳化现象。色谱试验成绩及解体情况表明，此电流互感器存在低能放电及绝缘纸老化、碳化现象。高压局部放电超标，原因是绝缘油中含有大量气泡，导致局部放电量超出标准要求。

由于电流互感器的末屏采用铜带缠绕，为了使末屏电压整体均衡，连接良好，采用一根引线用焊接方式将各铜带连接，形成一体。从解体情况看，部分引线连接点处有烧损或过热痕迹，可能是焊接时铜带与引线之间有缝隙，造成局部电位不均匀，发生放电，在持续运行电压作用下放电点过热加剧，甚至发生烧损变黑。

一次绕组电容屏上绝缘垫块紧固螺栓的作用是：当一次绕组通过短路电流时，防止由于电动力作用，导致一次绕组移位。采用绝缘垫块及绝缘绑带进行固定，而螺栓是固定绝缘垫块的。在电场作用下，若螺栓松动，会产生局部振动，也会引起局部放电量超标。

2. 故障分析

该电流互感器色谱异常的主要原因是末屏引线与铜带焊接环节出现电位不均匀，发生放电，在持续运行电压作用下，放电点逐渐过热，甚至发生烧损变黑，部分绝缘纸老化、碳化，使绝缘油分解，导致色谱数据异常。

6.2 220 kV 电流互感器受潮导致爆炸故障

6.2.1 故障情况说明

1. 故障过程描述

2013 年 10 月 12 日 14 时 02 分 27 秒 061 毫秒，某 220 kV 变电站甲线第一、二套纵差保护动作，220 kV 甲线两侧开关跳闸。同时 220 kV 母差保护动作，220 kV 母联、乙线开关跳闸。故障点最大电流为 8320 A。

现场发现甲线 B 相电流互感器爆炸，瓷套损坏，互感器金属外壳崩碎，如图 6-2-1 所示；膨胀器飞出 10 m 外落地，爆炸碎片最远飞出 30 m 以外；甲线线路侧隔离开关 C 相南柱上节瓷柱第 8 沿伞群崩掉。爆炸喷出的热油、碎片将地面草坪及围栏烧毁，如图 6-2-2 所示，拉开 220 kV Ⅱ 母线上所有间隔隔离开关，经检查其他设备运行无问题。

2. 故障设备基本情况

该电流互感器为江苏思源赫兹互感器有限公司产品，型号为 LVB-220W3，2007 年 8 月出厂，2008 年 3 月 18 日投运。

图 6-2-1　B 相电流互感器损坏情况

图 6-2-2　碎片、围栏及草坪烧损情况

6.2.2　故障检查情况

2009 年 3 月 10 日，该电流互感器运行一年后进行预试，成绩合格；2013 年 9 月 12 日，发现该电流互感器上帽有渗油现象，且油位偏低，但未形成油滴，定为一般缺陷；对站内设备进行定期巡视和节日期间的特巡，红外测温，未见缺陷进一步发展。

低压线圈屏蔽罩外部绝缘层已经完全烧掉，屏蔽罩金属外壳上部有一明显放电点，如图 6-2-3 所示。

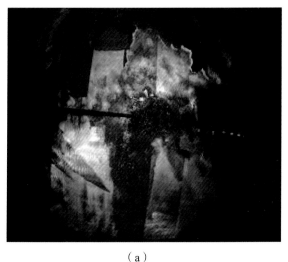

（a）

（b）

图 6-2-3　屏蔽罩损坏情况

引线管上部（与屏蔽罩连接部位）绝缘层已经烧损，中部以下绝缘基本没有受到损伤，如图 6-2-4 所示。

头部储油柜爆裂后，内部绝缘外表面高压屏蔽层对二次绕组屏蔽罩放电，放电产生的高能量已经将高压屏蔽层烧毁，如图 6-2-5 所示。

故障发生后，金属膨胀器外罩与膨胀器没有分离，盒式膨胀器表面经检查没有发现渗漏点，膨胀器油盒安全阀没有动作，如图 6-2-6 所示。

检查破碎瓷套，没有发现瓷套内、外表面有放电闪络迹象，如图 6-2-7 所示。

图 6-2-4　引线管上部绝缘层烧损

图 6-2-5　高压屏蔽层烧毁

（a）

（b）

图 6-2-6　金属膨胀器的情况

图 6-2-7 瓷套损坏情况

6.2.3 故障原因分析

该电流互感器于 2013 年 9 月 12 日开始出现渗油现象，运行巡视记录显示，渗油现象持续发展，并且油位降低，10 月 10 日变电站所在地天气为大雨，由于互感器本体受降雨影响，温度快速降低，内部产生负压，雨水沿渗漏部位进入本体，造成主绝缘受潮，最终外壳高压（相电压）对二次绕组屏蔽罩（地电位）放电击穿。因此，储油柜渗漏进水造成主绝缘击穿，是本次故障的主要原因。由于主绝缘击穿故障发展较快，瞬时产生高压气体，内部压力突增，压力释放装置未能及时动作，造成储油柜及瓷套爆碎。

6.2.4 预防措施及建议

（1）重新核算膨胀器释放压力值，确保互感器内部出现故障后及时释放内部压力，防止发生本体及套管的爆裂。

（2）将状态评价导则中互感器设备渗漏油的"注意状态"升级为"危急状态"。

6.3 220 kV 电压互感器内部放电故障

6.3.1 故障情况说明

1. 故障过程描述

2014 年 2 月 14 日 11 时 55 分，运行人员发现 220 kV 甲母线 A 相电压为 "0"。现场对甲母线 A 相电压互感器外观进行检查，外表面清洁，未见闪络、渗油及其他异常。对二次电缆进行绝缘测试无问题，随即对该电压互感器进行更换。

2. 故障设备基本情况

该故障互感器为锦州电力电容器有限责任公司 1999 年 5 月出厂的产品，型号为 TYD-220/$\sqrt{3}$ -0.01H。

6.3.2 故障检查情况

1. 试验验证

返厂后首先对该电压互感器进行电容量和介损测试，测试结果见表 6-3-1。测试电压为 10 kV，上节和下节标准电容量为 20000 pF，上节电容偏差 +1.47%，下节电容偏差 –0.58%。由此可见电压互感器的耦合电容器与电容分压器均未发生击穿。

表 6-3-1 电容量与介损测试结果

测试项目	标准值	上节电容	下节电容
电容量	–5%~+10%	19706 pF	20116 pF
介损（tanδ）/%	≤ 0.25	0.14	0.03

为进一步分析故障原因，进行油色谱试验，试验结果见表 6-3-2。油中乙炔为 2463 μL/L，总烃严重超标，说明互感器本体已发生高能放电。误差试验时，试验电压升到 50 kV 时，电磁单元内部有放电声，不能继续进行误差试验。电磁单元耐压试验中，正常情况下 $33/\sqrt{3}$ kV 变压器的工频试验电压为 63 kV，而这台电容式电压互感器的电磁单元耐压升到 48 kV 后电压无法继续上升，但未发生击穿，怀疑是绝缘油性能不良所致。

表 6-3-2　油色谱试验结果　　　　　　　　　　μL/L

成分	CO	CO_2	H_2	CH_4	C_2H_6	C_2H_4	C_2H_2	总烃
含量	107	469	7925	232.05	334.07	303.8	2463	3059.5

2. 解体检查

对电压互感器外观进行检查，外表面清洁，各螺栓连接可靠，外表面未见闪络、渗油及其他异常现象。

拆下电容器的下法兰与油箱固定螺栓，将电容器部分吊起后发现：油箱内部的绝缘油已满，下节电容器的电容器油已进入油箱内，部分绝缘油溢出油箱，电容分压器内绝缘油不停地顺着中压套管往下流，油箱内绝缘油较浑浊、发黑，如图 6-3-1 所示。

对电磁单元进行检查，发现中压套管已碎裂，下端只有一小部分瓷体还挂在中压套管的导电杆上，如图 6-3-2 所示。

拆下电容单元的下法兰，分别对中压套管和电容分压器下法兰进行检查。中压套管由中压瓷套和铜导电杆两部分组成，导电杆上包了几层电缆纸作为中压瓷套和铜导电杆之间的辅助绝

图 6-3-1　绝缘油情况

图 6-3-2　中压套管碎裂

缘，中压套管已破碎，如图 6-3-3 所示。发现中压瓷套根部有明显的放电被碳化的痕迹，该中压套管固定在电容分压器下法兰上的固定金属小方板的压接处，如图 6-3-4 所示。

　　绝缘纸与下法兰固定板处也有明显的放电点，如图 6-3-5 和图 6-3-6 所示。

图 6-3-3　中压套管已破碎

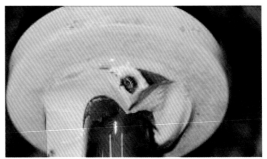

图 6-3-4　套管根部放电点

图 6-3-5　绝缘纸放电点

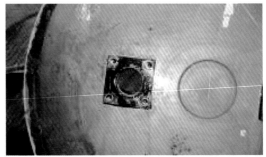

图 6-3-6　下法兰中压套管固定板

6.3.3　故障原因分析

　　经过检查发现，中压套管的瓷套已碎裂，中压铜导电杆、瓷柱根部和中压套管的固定方板上均有多处放电被碳化的痕迹。中压套管的绝缘纸和绝缘瓷柱被击穿，中压铜导电杆对固定中压套管的金属方板放电是这次故障的主要原因。

　　正常情况下 $33/\sqrt{3}$ kV（约为 19 kV）的电压击穿中压瓷柱的概率很小，只有以下情况才有可能出现放电击穿：套管本身存在缺陷或安装制造工艺不良，导致 CVT 内绝缘有薄弱点；电场分布不均匀，长期承受系统电压导致放电击穿。

6.3.4　预防措施及建议

应加强对 CVT 的监视跟踪与预防性试验，有条件时可进行定期色谱分析和红外热像检测，及时发现异常情况，避免电网事故发生。

6.4 ⚡ 500 kV 电流互感器雪闪导致放电故障

6.4.1　故障情况说明

1. 故障过程描述

2013 年 2 月 28 日 14 时 08 分，某 500 kV 变电站监控系统显示，#1 主变 A、B 保护屏差动速断、工频变化量差动、比率差动保护动作，故障相别为 C 相，故障相电流为 35430A。当时天气为大雪转中雪并伴有沙尘，南风，风速 1.1 m/s，外温 0℃。

经运行人员现场检查发现，#1 主变主一次 C 相电流互感器顶部油枕外壳（南侧）、上法兰、瓷套底座法兰（西南侧）有明显放电痕迹，瓷套有明显瓷釉烧损痕迹，如图 6-4-1、图 6-4-2 所示。

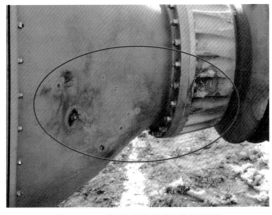

图 6-4-1　上法兰和油枕放电位置

图 6-4-2　瓷套烧损及下法兰放电位置

2. 故障设备基本情况

该电流互感器为特变电工康嘉（沈阳）互感器有限公司变压器厂产品，设备型号为 AGU-550，2010 年 5 月出厂，2010 年 8 月投运。

6.4.2　故障检查情况

对该互感器进行返厂试验检查。试验项目包括绝缘试验（包括绝缘电阻测量、直流电阻试验、介损测试、交流耐压试验、局部放电试验等），绝缘试验前后油色谱分析、盐密试验、雪水电导率试验、PRTV 憎水性试验等。

1. 绝缘电阻测量

一次绕组对二次绕组及地：2500 MΩ；

一次绕组间：2500 MΩ；二次绕组间及地：2500 MΩ。

2. 交流耐压试验

试验电压：592 kV；持续时间：60 s；频率：50 Hz。

3. 电容及介质损耗因数测量

耐压前试验结果见表 6-4-1，耐压后试验结果见表 6-4-2。

表 6-4-1　耐压前电容及介质损耗因数测量结果

电压值 U/kV	10	50	100	150	200	250	318
电容量 C_x/pF	1176	1176	1176	1176	1176	1176	1176
介损 $\tan\delta$/%	0.190	0.190	0.191	0.191	0.191	0.192	0.192

表 6-4-2　耐压后电容及介质损耗因数测量结果

电压值 U/kV	10	50	100	150	200	250	318
电容量 C_x/pF	1176	1176	1176	1176	1176	1176	1176
介损 $\tan\delta$/%	0.190	0.191	0.191	0.191	0.192	0.192	0.192

4. 局部放电试验

局部放电试验结果见表 6-4-3。

表 6-4-3　局部放电试验结果

U/kV	381	550	592	550	381
PD/pC	3	5	8	5	3

5. 试验前后油色谱分析

试验前后油色谱分析结果见表 6-4-4。该 500 kV 电流互感器各项绝缘试验结果均符合相关标准要求。试验前后油色谱数据无明显变化，未发现异常。通过高压试验和油色谱分析，可以判断该 500 kV 电流互感器内部元件绝缘良好。

表 6-4-4　试验前后油色谱分析数据

采样	CO	CO_2	CH_4	C_2H_6	C_2H_4	C_2H_2	总烃	H_2	介损（90℃）/%
试验前	31.03	165.33	1.25	0.51	0.08	0.05	1.89	31.29	0.20
试验后	27.28	207.49	1.27	0.52	0.07	0.06	1.92	32.46	0.21

6. 盐密试验

盐密试验结果见表 6-4-5。当前盐密值处于 d 级污秽区正常水平范围。

表 6-4-5　盐密试验数据

取样面积 /cm^2	用水量 /mL	折算标准电导率 (20℃) / (μS/cm)	等值盐密 / (mg/cm^2)
2392	300	1185.90	0.085

7. 雪水电导率试验

雪水电导率试验结果见表 6-4-6。电导率测量结果表明，该水样具有较高导电性能，属较高水平。（雨水的电导率一般为 5~400 μS/cm，统计平均值为 30~40 μS/cm，纯净水或蒸馏水的电导率一般小于 5 μS/cm，矿泉水、自来水的电导率一般约为 500 μS/cm。）

表 6-4-6　雪水电导率试验数据　　　　　　　　　　　　　　μS/cm

序号	电导率	折算标准电导率（20℃）
1	100.37	107.92
2	114.11	120.94
3	109.00	115.21

8. PRTV 憎水性试验

对故障电流互感器进行了憎水性测试，利用憎水分级法进行，发现憎水性较好，如图 6-4-3 和图 6-4-4 所示。

图 6-4-3　伞裙上表面憎水性为 HC3~HC4 级　　　　　图 6-4-4　伞裙下表面憎水性为 HC2 级

6.4.3　故障原因分析

1. 污秽区域

按照 2011 版污区分布图，该 500 kV 变电站属 d 级污秽区域，Q/GDW 152—2006《电力系统污区分级及外绝缘选择标准》要求 d 级区配备的统一爬电比距应为 39~51 mm/kV。发生闪络的电流互感器由上至下爬电距离为 15125 mm，干弧距离为 4014 mm。统一爬电比距为 47.6 mm/kV，还采取了喷涂防污闪涂料的措施，能够满足当前污秽下的运行要求和 Q/GDW 152—2006 标准要求。

2. 天气因素分析

故障时天气：偏南风，4 级，温度在 0℃附近。2 月 28 日 11 时左右该地区开始下中到大雪，本次大雪的特点是降水量大且迅速，且雪为湿雪、黏雪，如图 6-4-5 所示。

在开始下雪的一段时间里，雪降落到地面和设备表面上即融化，并且天气较快地转为晴朗。在太阳照射下温度迅速升高，在 0℃附近，雪在迎风侧的瓷套表面出现严重堆积，而背风侧堆积现象不明显，恰好太阳照射积雪方向，出现雪融化、再结冰、再融化的反复过程。

因天气回暖，气温较高，积雪在下雪过程中以及雪后太阳照射下都出现了融化，导致伞裙表面出现了覆冰，同时冰雪表面及内部还有融化的水，这些水因吸收空气中的污染物具有较高电导率，进而形成局部导电通道。虽未完全实现桥接，但也大大增大了泄漏电流，降低了设备的工频电压耐受强度。当冰雪覆盖住绝缘子表面后，表层的冰雪融化形成水膜是造成贯穿闪络的主要原因，污秽成分主要来自大气，该地区在降雪前数天无有效降水，PM2.5 指标显示为中度污染。

图 6-4-5　#1 主变主一次 A、B 相电流互感器瓷套积雪情况

3. 覆雪、覆冰对绝缘子表面电场分布的影响

有研究表明，覆雪、覆冰会导致绝缘子表面的不均匀电场变得更加不均匀，例如，在上法兰附近是电场强度最高处，如果支柱绝缘子覆冰雪，则导致该处的最大场强比无覆雪时大得多。同时，因夹杂液态离子水等原因，雪、冰的内部场强要明显小于瓷质自身的场强，在相同电压降的情况下，使得瓷质和空气的电压降、场强更大。在严重畸变的电场作用下，承担电位分布的电解质有效长度降低、场强增大，当达到空气击穿间隙极限（干燥空气为 1800 kV/m）时会发生小范围放电，并向贯穿性闪络的方向发展。

6.4.4　预防措施及建议

鉴于 PRTV 涂料对防止冰闪络、雨闪络方面的作用并不明显，建议在雨雪较多地区变电站设备使用外绝缘辅助伞裙。站用设备绝缘子的防污闪辅助伞裙安装数量见表 6-4-7。

表 6-4-7　防污闪辅助伞裙安装数量

电压等级 /kV	110	220	500
硅橡胶伞裙片数 / 片	2~3	4~6	9~12

6.5 ⚡ 500 kV 电压互感器污闪导致放电故障

6.5.1 故障情况说明

1. 故障过程描述

2013 年 2 月 28 日 14 时 34 分，某换流站监控站（OWS）报 #63 交流滤波器母线差动保护动作、C 相跳闸动作。

运行人员检查发现 500 kV #63 交流滤波器母线 C 相电容式电压互感器（CVT）均压环明显有放电痕迹（被击穿有孔洞），如图 6-5-1 所示，本体上中下伞裙均有烧损痕迹，中节瓷柱上法兰第一、二伞群有破损，如图 6-5-2 所示，CVT 二次接线盒盖掉落地上。

2. 故障设备基本情况

该电流互感器为特变电工康嘉（沈阳）互感器有限公司变压器厂产品，设备型号为

图 6-5-1　C 相互感器受损的均压环　　　　图 6-5-2　C 相互感器本体瓷柱伞裙受损

AGU-550，2010 年 5 月出厂，2010 年 8 月投运。

6.5.2　故障检查情况

1. 高压试验

对故障相（C 相）CVT 进行现场高压试验。高压试验结果见表 6-5-1。

表 6-5-1　高压试验数据

试验时间	节	绝缘电阻 /MΩ	$\tan\delta$/%	C_x/pF	C_n/pF	ΔC/%
2011 年	C11	10000	0.046	15040	15000	0.267
	C12	10000	0.045	14950	14970	−0.134
	C13	10000	0.038	17290	17360	−0.403
	C2	10000	0.070	114000	114600	−0.524
2013 年	C11	10000	0.061	14970	15000	−0.200
	C12	10000	0.061	15090	14970	0.802
	C13	10000	0.043	17430	17360	−0.403
	C2	10000	0.078	115000	114600	0.349

C 相中间变压器二次绕组的绝缘电阻均大于 1000 MΩ。

表 6-5-1 中的数据表明 500 kV #63 交流滤波器母线 C 相 CVT 各节电容量和介损值均无明显变化，符合相关标准要求。

2. 油色谱试验

2013 年 3 月 1 日分别取同组 B 相和 C 相（故障相）CVT 的油样，并进行油色谱分析。试验结果表明色谱成绩无 C_2H_2，未见其他异常情况。

3. 憎水性试验

分别选取了故障相 CVT 的上元件、中间元件和下元件的一片伞裙进行了憎水性能测试，采用喷水分级法进行，如图 6-5-3~ 图 6-5-5 所示。测试结果为 HC3~HC4 级。结论：本次测试结果正常。HC1 表示憎水性非常好，HC7 则表明完全不具有憎水性。当憎水性达到 HC4 级时，表明憎水性能尚处于正常水平，但应每年开展憎水性测试工作。另外，前一天雨雪浸润也会使憎水性能暂时下降，恢复憎水性需要一定的时间。

图 6-5-3　上元件下数第 5 片伞裙测试情况

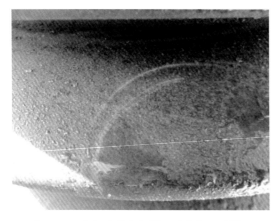

图 6-5-4　中间元件上数第 8 片伞裙测试情况

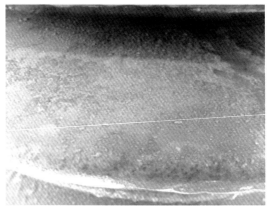

图 6-5-5　下元件下数第 6 片伞裙测试情况

4. 盐密测试情况

中间元件选取一大一小两个伞裙进行盐密测试取样，结果见表 6-5-2。考虑到当地属于 d 级污秽区，结合以往测量结果，认为测量结果处于正常范围。

表 6-5-2　盐密测试情况

序号	取样位置	测试面积 /cm²	用水 /mL	等值盐密 /（mg/cm²）
1	中元件	1805	300	0.036
2	下元件	1805	300	0.042

注：因在户外提取灰样，在温度较低情况下出现结冰情况，会造成取样稍有遗漏，测试结果可能比实际值略低。

5. 变电站雪样融化后水电导率测试

变电站雪样融化后水电导率测试结果见表 6-5-3。电导率测试结果表明，该水样具有良好导电性。纯净水或蒸馏水的电导率一般小于 5 μS/cm，矿泉水、自来水的电导率一般约为 500 μS/cm。

表 6-5-3　变电站雪样融化后水电导率测试结果　　　　　　　μS/cm

序号	取样位置	电导率	折算标准电导率（20℃）
1	—	123.66	144.25
2	—	137.69	149.84

6.5.3　故障原因分析

故障原因分析同 6.4.3 节。

由故障分析及各项试验结果来看，此次 500 kV #63 交流滤波器母线 C 相 CVT 故障是由于环境影响引发外绝缘闪络导致跳闸，C 相 CVT 的内部元件未发现损坏。

6.5.4　预防措施及建议

（1）鉴于 PRTV 涂料对防止冰闪络、雨闪络方面的作用并不明显，建议使用外绝缘辅助伞裙。有研究表明，辅助伞裙可以提高冰闪电压 50% 以上。

（2）建议加强红外测试，及时发现设备隐患。

第7章 避雷器故障案例汇编

7.1 ⚡ 66 kV 避雷器受潮导致绝缘击穿故障

7.1.1 故障情况说明

1. 故障过程描述

2013 年 2 月 11 日 11 时 42 分，某 220 kV 变电站 66 kV Ⅲ 母线接地告警，瞬间复位，B 相发生间歇性接地，经过约 1 min 后 B 相永久性接地；11 时 49 分 37 秒 623 毫秒仙白甲线相间距离 I 段保护动作，开关跳闸，重合良好，故障检测为 A、B 相短路，重合后 B 相全接地。

现场检查发现仙白甲线 A 相避雷器落地、烧损，B 相避雷器上半部烧损。A 相出口引线受避雷器阀片冲击破股，出口绝缘子受冲击损坏 1 片。A 相受损情况如图 7-1-1 所示，B 相受损情况如图 7-1-2 所示，A 相落地情况如图 7-1-3 所示。

2. 故障设备基本情况

设备型号为 HY5W1-96/250，硅橡胶复合外绝缘、单节，额定电压 96 kV，持续运行电压 75 kV，直流 1 mA 参考电压 140 kV，出厂日期 2011 年 11 月，投运日期 2012 年 12 月 9 日。同批产品 2 组共 6 相，安装位置仙白甲、乙线。

图 7-1-1　A 相受损的导线和绝缘子

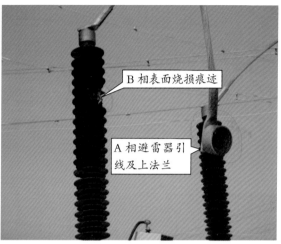

图 7-1-2　B 相烧损表面及 A 相上法兰

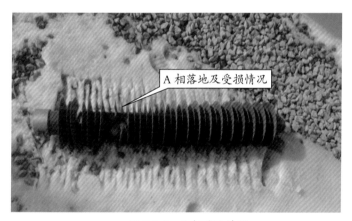

图 7-1-3　A 相落地情况

7.1.2　故障检查情况

1. 外观检查

1）A 相外部情况

整体有两个明显烧损点，A 相外部情况如图 7-1-4 和图 7-1-5 所示。

从上法兰缺口部位向内拍照，发现部分电阻片缺失。A 相上法兰情况如图 7-1-6 所示，A 相上部内腔情况如图 7-1-7 所示。

图 7-1-4　A 相整体

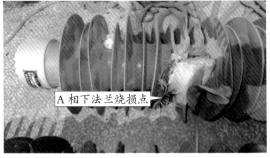

图 7-1-5　A 相两个烧损点细节图

图 7-1-6　A 相上法兰及脱落的电阻片残片

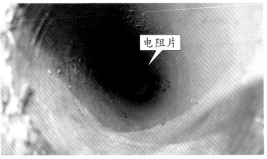

图 7-1-7　A 相上部内腔部分电阻片

将硅橡胶外绝缘扒开，可以看到两个烧损点，如图 7-1-8 所示。

2）B 相外部情况

B 相外部整体共有 3 个烧损点，如图 7-1-9 和图 7-1-10 所示。

将硅橡胶外绝缘扒开后，可以明显看出 B 相的烧损痕迹，烧损痕迹是从下部开始环绕到中部和上部。B 相整体烧损情况如图 7-1-11 所示，B 相中上部烧损情况如图 7-1-12 所示，B 相下部烧损情况如图 7-1-13 所示。

图 7-1-8　A 相两个烧损点

图 7-1-9　B 相避雷器 3 个烧损点

图 7-1-10　B 相中上部烧损最严重点

图 7-1-11　B 相整体烧损痕迹

图 7-1-12　B 相中上部烧损痕迹

图 7-1-13　B 相下部烧损痕迹

3）C 相外部情况

将 C 相硅橡胶外套扒开后，可以明显看到 4 个避雷器防爆孔。C 相外部情况如图 7-1-14 所示。

将 C 相上法兰锯开，可见弹簧圈与上法兰用裸铜线连接。发现裸铜线有铜锈，且弹簧圈有部分锈蚀现象。C 相上法兰锈蚀裸铜线如图 7-1-15 所示，C 相锈蚀弹簧如图 7-1-16 所示。

2. 试验验证

试验日期：2012 年 8 月 13 日；温度：28℃；相对湿度：62%。交接试验数据见表 7-1-1。

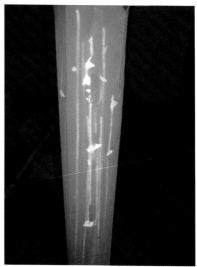

图 7-1-14　C 相上部（左）和下部（右）防爆孔

图 7-1-15　C 相上法兰裸铜线锈蚀图

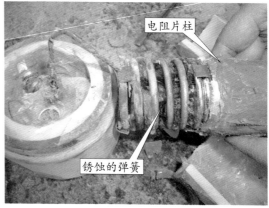

图 7-1-16　C 相弹簧锈蚀图

表 7-1-1　交接试验数据

	相别	仙白甲线	仙白乙线	标准	基座	标准
绝缘电阻 /MΩ	A	>100000	>100000	≥ 2500	2000	≥ 100
	B	>100000	>100000		2000	
	C	>100000	>100000		2000	

续表

直流试验	测量参数	仙白甲线			仙白乙线			标准
		A	**B**	**C**	**A**	**B**	**C**	
直流试验	直流 1mA 电压 /kV	145.7	144.8	146.4	144.0	148.0	144.5	整支 U_{1mA} 的值 ≥ 140
	$0.75U_{1mA}$ 下的电流 /μA	20	20	20	16	18	19	≥ 50

在试验大厅只对 C 相进行试验，故障后试验数据见表 7-1-2。

表 7-1-2　故障后试验数据

绝缘电阻 / GΩ	直流 1mA 电压 /kV	$0.75U_{1mA}$ 下的电流 /μA	持续运行电压 75 kV		额定电压 96 kV	
			I_x/mA	I_{R1P}/mA	I_{RP}/mA	出厂值
266	122	64	0.561	0.198	2.85	2.0

根据表 7-1-1 和表 7-1-2 的数据可知，仙白甲线 C 相直流 1 mA 电压明显下降，与交接试验数据比较下降了 16.7%，持续运行电压下的阻性电流基波值偏大（交接试验没有数据，根据以往经验），工频参考电压下降了 15.7%，由此可以判断 C 相内部有受潮的现象。

3. 解体检查

1）A 相内部情况

将 A 相内部解体，发现电阻片只剩下 14 片（正常应为 32 片）。A 相内部解体情况如图 7-1-17 所示，A 相烧损严重点如图 7-1-18 所示。

将图 7-1-18 中的两个图对比来看，烧损严重点是在铝垫块部分（A 相下部）。A 相内部电阻片及表面潮湿迹象如图 7-1-19 和

图 7-1-17　A 相内部解体情况

图 7-1-20 所示，A 相无电阻片部分环氧玻璃筒内部如图 7-1-21 所示。

2）B 相内部情况

将 B 相电阻片外绝缘环氧玻璃筒切开，可以看到内部情况，上法兰一端有弹簧圈，已烧损。B 相上法兰如图 7-1-22 所示，B 相内部整体情况如图 7-1-23 所示，B 相电阻片如图 7-1-24 和图 7-1-25 所示。

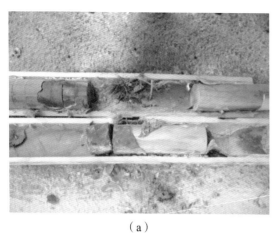

（a）

（b）

图 7-1-18　A相烧损严重点

图 7-1-19　A相内部电阻片

图 7-1-20　A相电阻片表面潮湿迹象

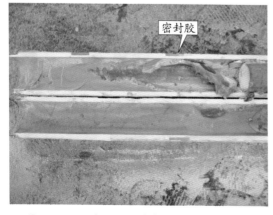

图 7-1-21　A相无电阻片部分环氧玻璃筒内部

图 7-1-22　B相上法兰一端弹簧烧损

图 7-1-23　B 相内部整体情况

图 7-1-24　部分炸裂的电阻片

3）C 相内部情况

将 C 相内部拆开，发现整体外观良好，环氧玻璃筒未见异常。C 相内部整体情况如图 7-1-26 所示。将 C 相电阻片柱拆开，发现部分电阻片表面有潮湿痕迹。C 相内部潮湿电阻片如图 7-1-27 所示。

图 7-1-25　B 相烧损严重部分电阻片

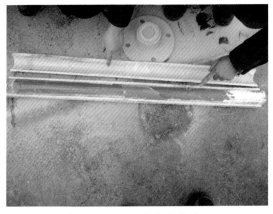

图 7-1-26　C 相内部整体情况

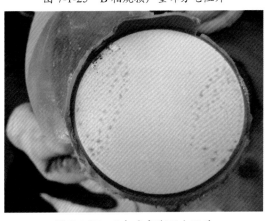

图 7-1-27　C 相内部潮湿电阻片

7.1.3　故障原因分析

从 A、B、C 三相解体情况、C 相高压试验数据及运行时限来看，能够使避雷器在运行较短时间内发生故障的最大可能是避雷器内部受潮，使得避雷器整体绝缘迅速下降，导致故障。

1. B 相分析

从 B 相解体情况看，其故障点应从 B 相下部开始沿电阻片柱侧面（沿面）放电，使部分绝缘降低，导致中上部烧损严重，部分电阻片热击穿。形成这种放电的原因一是电阻片侧面釉受潮，二是电阻片侧面釉或环氧玻璃筒内部发生局部放电。

2. A 相分析

额定电压为 96 kV 的避雷器，其持续运行电压为 75 kV，在正常情况下，避雷器应能承受 66 kV 系统单相接地时非故障相的过电压。

故障录波图记录当 B 相单相接地时，非故障相电压升高为 67.32 kV。

根据 A 相解体情况可知，A 相内部存在受潮迹象，且看到电阻片受潮部位是从外（侧面釉）向里（电阻片表面—氧化锌表面）扩散的，认为可能由于内部电阻片已经受潮，当系统电压有波动时，就会发生故障。电阻片冲出外部的原因可能是避雷器的防爆孔未起到作用（一般有上下 4 个防爆孔，只有 1 个起作用），内部热量不能尽快释放，造成目前结果。

7.1.4　预防措施及建议

（1）硅橡胶复合外套避雷器交接验收试验时应进行交流持续运行电压下的泄漏电流及阻性电流测量，无论是电站避雷器还是线路避雷器（外带串联间隙的）本体。

（2）与 66 kV 电缆配合的无间隙避雷器，应进行抽检试验。

（3）加强新建变电站投运前的试验报告审核，注意报告中的试验时间，超过 6 个月应进行复测。

7.2　66 kV 避雷器受潮导致热崩溃故障

7.2.1　故障情况说明

1. 故障过程描述

2015 年 3 月 29 日，某 220 kV 变电站电容器组一相避雷器发生爆炸，于 4 月 6 日进行解体分析。

2. 故障设备基本情况

设备型号为 YH5WR-90/236，复合外绝缘电容器组用无间隙避雷器，额定电压为 90 kV，持续运行电压为 72.5 kV。出厂日期为 2013 年 2 月。出厂编号：1051（故障相）、1049（非故障相）。

7.2.2　故障检查情况

1. 试验验证

（1）对同型号非故障相避雷器进行直流试验，结果显示未见异常。直流试验结果见表 7-2-1。

表 7-2-1　直流试验结果

编号	直流 1mA 参考电压 /kV	$0.75U_1$mA 下电流 /µA
1049	144.3	6.0

（2）渗水试验情况。4 月 6 日 14 时，将故障相避雷器上法兰 4 个引线安装孔内注满水（用透明胶带封住），观察其水位变化。4 月 7 日 9 时（19 小时后），深度为 3.7 cm 的安装孔内水位下降至零，深度为 3 cm 的安装孔水位基本无变化，其余两个安装孔水位略有下降。4 月 7 日 14 时（24 h 后），除深度为 3 cm 的安装孔水位基本无变化外，其余水位全部下降为零，水

位对比如图 7-2-1~ 图 7-2-3 所示。

2. 解体检查

1）避雷器整体

故障相避雷器外绝缘烧损严重，故障避雷器整体照片如图 7-2-4 所示。

图 7-2-1　4 月 6 日 14 时水位

图 7-2-2　4 月 7 日 9 时水位

图 7-2-3　4 月 7 日 14 时水位

图 7-2-4　故障避雷器整体照片

2）避雷器上法兰

避雷器上法兰有 4 个引线安装孔，其中 3 个锈蚀严重。打开后发现法兰内部及避雷器上端部锈蚀严重，且有水滴溢出。上法兰外部如图 7-2-5 所示，上法兰内部如图 7-2-6 所示，避雷器上端部如图 7-2-7 所示，上法兰内部水滴如图 7-2-8 所示。

4 个引线安装孔深度不同，其中最深的孔深 3.7 cm，最浅的孔深 3 cm，安装孔深度比较如图 7-2-9 所示。

图 7-2-5　上法兰外部

图 7-2-6　上法兰内部

图 7-2-7　避雷器上端部

图 7-2-8　上法兰内部水滴

（a）

（b）

图 7-2-9　安装孔深度比较

3）电阻片

剥开避雷器复合外套，可见内部电阻片侧面釉烧蚀严重。该型号电阻片直径 105 mm，每节 31 片。电阻片从第一片至最后一片均有受潮痕迹，且电阻片上水晕痕迹为由外向内。受潮的电阻片如图 7-2-10 所示，最底部电阻片如图 7-2-11 所示。

4）电阻片柱外绝缘

电阻片柱外绝缘由红色"热缩管"及环氧玻璃筒组成，红色外绝缘烧损严重，红色外绝缘与环氧玻璃筒之间胶粘不牢靠，中间未见胶粘痕迹。烧损的"热缩管"如图 7-2-12 所示。

图 7-2-10　受潮的电阻片

图 7-2-11　最底部电阻片

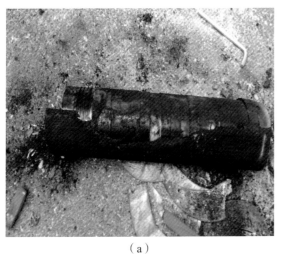
（a）

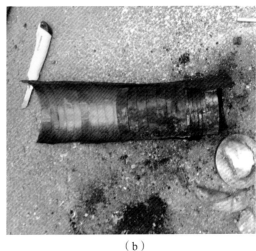
（b）

图 7-2-12　烧损的"热缩管"

5）非故障相解体

非故障相避雷器整体外观未见异常；上法兰内外部及避雷器上端部同样发现有锈蚀痕迹，但未见水渍；上法兰安装孔深度基本相同；内部电阻片未见异常；电阻片外绝缘与故障相相同，内部未见受潮痕迹。避雷器上端部如图 7-2-13 所示，上法兰内部如图 7-2-14 所示，电阻片柱外绝缘及环氧玻璃筒如图 7-2-15 所示。

图 7-2-13　避雷器上端部

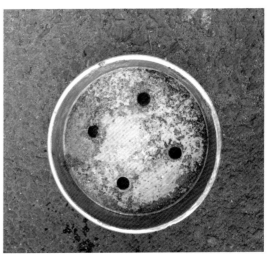

图 7-2-14　上法兰内部

（a）   （b）

图 7-2-15　电阻片柱外绝缘、环氧玻璃筒

7.2.3　故障原因分析

1. 避雷器上法兰

避雷器上法兰结构设计不合理，引线直接与避雷器上法兰连接，通过渗水试验表明，引线安装口由于结构原因，易流入雨水或潮气，导致避雷器内部很快受潮，发生爆炸事件。

2. 避雷器外绝缘

故障避雷器电阻片柱外绝缘中，采用了"热缩管"，这是绝对不允许的，其后果是易发生沿面放电，造成避雷器损坏；"热缩管"与环氧筒之间胶粘不牢靠，最终也会发生筒内放电，造成避雷器故障。

本次避雷器故障，主要原因是避雷器结构设计不合理，从上法兰引线安装孔处流入雨水或潮气，另外由于电阻片柱外绝缘采用"热缩管"，致使避雷器受潮加速，导致事故发生。

7.2.4　预防措施及建议

按照规程要求，加强雷雨季节前后避雷器带电检测和运行巡视。

7.3　220 kV 避雷器电位分布缺陷导致绝缘击穿故障

7.3.1　故障情况说明

1. 故障过程描述

2013 年 2 月 1 日 2 时 36 分，某 220 kV 变电站 220 kV 热环 #1 线三相跳闸，显示 A 相接地故障；3 时 49 分，现场强送 220 kV 热环 #1 线，立即跳闸，仍显示为 A 相接地故障，现场检查发现站内 220 kV 热环 #1 线 A 相避雷器故障。故障时天气为雾霾转小雨加雪。该 220 kV 变电站是无人值守变电站，于 2009 年 11 月 12 日投运，220 kV 热环 #1 线长度为 3.2 km，为电源线路，重合闸未投。现场故障相避雷器如图 7-3-1 所示。

2. 故障设备基本情况

设备型号为 Y10W1-204/532GW，瓷套外绝缘，由 2 节构成，上节有均压环，避雷器高度 2×1655 mm，高海

图 7-3-1　现场故障相避雷器

拔 e 级污秽，外爬电比距 3.1 cm/kV，爬电距离 7812 mm。出厂日期 2009 年 8 月，故障 A 相编号 91475，同批产品 7 组 21 相——线路出口 5 组、主变前 2 组。

7.3.2　故障检查情况

1. 外观检查

（1）该避雷器外瓷套爬电距离为 7812 mm，爬电比距为 53.69 mm/kV，符合 e 级污秽要求（50 mm/kV）；2013 年 1 月，对该站盐密测试值为 0.048 mg/cm^2，属于轻度污秽（a 级）。

（2）故障前后，该地区 50 km 范围内未发生落雷，系统无操作，排除产生过电压闪络可能。

（3）从故障避雷器瓷套外表面看，没有表面闪络痕迹。仅在压力释放孔对应角度、瓷套表面有严重熏黑痕迹，且有大量粉尘附着在表面。

（4）2013 年 1 月中旬，现场巡视记录，故障相避雷器在线监测器读数：电流值 0.4 mA、放电计数器动作次数 12 次。

2. 试验验证

1）带电测试

2010—2012 年避雷器带电测试数据见表 7-3-1。

表 7-3-1　　2010—2012 年避雷器带电测试数据　　　　　　　　　　mA

相别	2010 年		2011 年		2012 年	
	I_x	I_{r1p}	I_x	I_{r1p}	I_x	I_{r1p}
A	0.453	0.071	0.473	0.075	0.462	0.073
B	0.422	0.067	0.437	0.070	0.425	0.068
C	0.451	0.073	0.464	0.074	0.455	0.073

注：I_x 为避雷器总泄漏电流，I_{r1p} 为避雷器阻性电流基波峰值。

2）试验大厅试验

2013 年 2 月 1 日傍晚在试验大厅试验数据见表 7-3-2。

表 7-3-2　　试验大厅试验数据

	相别	上		下		标准	基座	标准
		有屏蔽	无屏蔽	有屏蔽	无屏蔽			
绝缘电阻 /MΩ	A	0		0		≥ 2500	3000	≥ 100
	B	>100000	1100	>100000	—		—	
	C	>100000	3860	>100000	—		—	
	测量参数	B 相上		C 相上		标准		
		有屏蔽	无屏蔽	有屏蔽	无屏蔽			
直流试验	U_{1mA}/kV	155.3	155.2	155.3	155.3			
	2009 年交接 U_{1mA}/kV	154.4		154.4		整支 U_{1mA} 的值 ≥ 290 kV		
	$I_{0.75U_{1mA}}$/μA	2.5	22	3.1	26.7			
	2009 年交接 $I_{0.75U_{1mA}}$/μA	9		8		≤ 50 μA		

注：2009 年热环 #1 线其他避雷器节的直流数据和上表直流 2009 年提供数据相差不大。

3. 解体检查

1）故障相解体

（1）上法兰和下法兰部分内防爆板已烧损，上法兰和下法兰部分的密封垫圈完好，未见受潮和喷弧烧损痕迹，上节电阻片柱由 4 根环氧绝缘棍固定。外观看整体表面全部烧黑，铝垫块部分有烧熔痕迹，在瓷套内部、电阻片柱和瓷套之间没有隔弧筒，瓷套内部有一层瓷釉，已烧损。故障避雷器外观如图 7-3-2 所示，瓷套内部如图 7-3-3 所示，上法兰防爆板如图 7-3-4 所示，电阻片如图 7-3-5 所示。

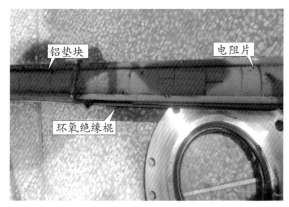

图 7-3-2　故障避雷器外观

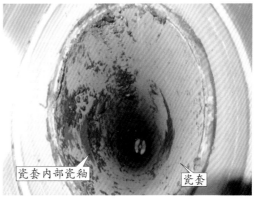

图 7-3-3　瓷套内部

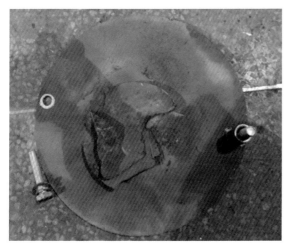

图 7-3-4　上法兰防爆板

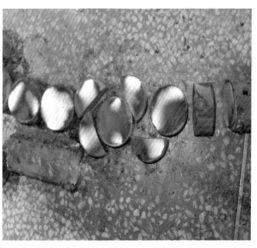

图 7-3-5　电阻片

（2）A 相上节瓷外套一侧表面有大面积
白色粉末，伞群的上下表面均有，在避雷器压
力释放口的位置粉末相对较多，且在压力释放
口附近的大小伞群有明显断裂。A 相下节瓷外
套与上节相同，只是看起来烧损比上节严重。
在压力释放口附近的大小伞群有明显断裂。下
节瓷外套如图 7-3-6 所示。

图 7-3-6　下节瓷外套

2）同组非故障相解体

（1）将 B 相下节解体，发现电阻片柱支撑件（导电管）固定干燥剂（硅胶）位置有白色粉末，
其余完好无损。将 B 相上节解体，发现干燥剂表面有两处放电痕迹，在瓷套内壁同等位置也
发现放电痕迹。同样，固定干燥剂（硅胶）位置也有白色粉末。电阻片柱完好。电阻片柱支撑
件如图 7-3-7 所示，干燥剂如图 7-3-8 所示。

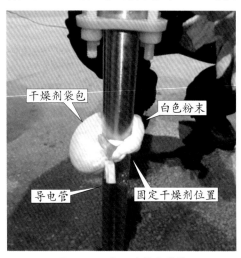

图 7-3-7　电阻片柱支撑件

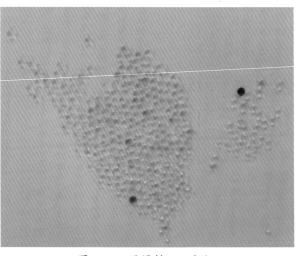

图 7-3-8　干燥剂——硅胶

（2）C 相下节解体情况基本与 B 相下节相同，但从外部看干燥剂袋明显颜色变深，且白
色粉末增多，较其他节严重。C 相上节发现两处放电点，一处在干燥剂袋上，另一处在固定
电阻片柱与导电管连接的环氧板支架一端（4 个端点）。各部位放电点及烧损痕迹如图 7-3-9~
图 7-3-12 所示。

图 7-3-9　放电点痕迹

图 7-3-10　导电管表面腐蚀

图 7-3-11　瓷套内部相同放电点

图 7-3-12　环氧板支架烧损痕迹

7.3.3　故障原因分析

1. 瓷外套闪络问题

该变电站避雷器的外绝缘为高海拔、e 级污秽绝缘水平，其湿闪的耐受电压为 450~500 kV（厂家提供），外爬电比距符合 e 级污秽要求，A 相故障前其避雷器两端电压为正常系统运行相电压。因此可以说明避雷器的外瓷套不会发生表面闪络，外观检查也未发现外表面闪络的痕迹。

2. 电阻片的烧损

根据上下节解体情况，上下节电阻片柱主要发生沿柱表面的闪络，未见热击穿现象。电阻片断面如图 7-3-13 所示。

有可能引起故障的因素：一是电阻片的侧面釉受潮，导致绝缘能力降低，沿电阻片柱沿面闪络；二是固定电阻片柱的环氧绝缘棍受潮。

电阻片断面

图 7-3-13　电阻片断面图

3. 天气情况

2013 年 2 月 1 日前几日，该地区出现雾霾天气，变电站处于沿海地带。2 月 1 日故障发生时，小雨加小雪。

4. 瓷外套的电位分布

在正常天气状况下，瓷外套表面的泄漏电流很小，电位分布相对比较均匀；而在雾霾、小雨及小雨加小雪天气状况下，易在瓷表面形成水膜，造成局部瓷表面泄漏电流变大，致使瓷表面局部出现"干区"（相对其他位置），"干区"会使瓷外套的整体电压分布不均匀。

5. 电阻片柱的电位分布

避雷器电阻片的电容很小，对于多节避雷器（2 节以上）而言，由于其安装位置很高，每个电阻片对地杂散电容不同，易使电阻片柱的电位分布不均，造成上部承受的电压高，使得电阻片加快老化，因此，均加装均压环或均压电容以改善避雷器整体的电位分布。一般 220 kV 避雷器只加装均压环。

6. 瓷外套避雷器

由于电阻片呈容性，瓷套和电阻片之间有一小段空隙，因此存在耦合电容。在正常情况下，瓷套外电位分布均匀，不会影响内部电阻片柱的电位分布；而当外部环境发生变化，引起瓷外套电位分布不均匀时，由于耦合电容的存在，会导致内部电阻片柱的电位分布发生改变，部分电阻片过热，若此时有些电阻片本身存在绝缘缺陷（如电阻片侧面釉受潮），或绝缘支柱有缺陷，均会造成电阻片柱的沿面局部放电，严重时发生闪络。

根据上述讨论和分析，认为此次故障主要原因是外部环境改变了避雷器外瓷套的电位分布，使得其电位分布不均匀，通过瓷套和内部电阻片之间的耦合电容，导致内部电阻片柱的电位分布不均，同时电阻片柱中部分电阻片存在绝缘缺陷，发生部分（沿面）闪络击穿。第一次热环 #1 线跳闸时，避雷器已经发生故障了，可能内部放电的能量不大，即还有一部分绝缘；第二次热环 #1 线的合闸，将避雷器的内部绝缘全部击穿，喷弧能量很大。

从瓷套外表面烧损和内部电阻片柱的解体情况看，是上节在先，下节在后。

7. B、C 相问题分析

1）导电管上固定干燥剂位置白色粉末问题

与厂家沟通后得知，干燥剂为硅胶，其主要成分为 SiO_2。查阅相关资料可知，硅胶是硅酸钠和硫酸发生化学反应，并经老化、酸泡等系列处理制成的透明颗粒，吸水能力很强，呈酸性。硅胶酸性测试如图 7-3-14 所示，将硅胶放入纯净水中，进行酸性测试（pH 值为 2.25）。

导电管外部是镀锌的，正常运行状态下，导电杆是流过电流的。当干燥剂袋固定在导电管上时，由于避雷器长期运行，

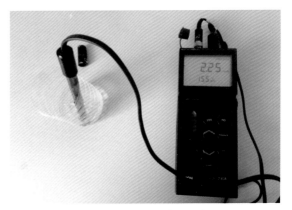

图 7-3-14　硅胶酸性测试

电流在导电管上会发热，加上外部环境影响，此时干燥剂也吸附了水分，因为其呈酸性，会在导电管表面产生腐蚀，形成我们所看到的白色粉末，且腐蚀的严重程度与干燥剂的吸水程度有关。

2）由干燥剂颜色分析受潮程度

干燥剂的颜色深浅可以说明其吸附水的多少。正常颜色为无色透明，我们进行了试验，将硅胶放置在潮湿抹布上，放置 12 h，干燥剂对比如图 7-3-15 所示。C 相上、下节干燥剂对比如图 7-3-16 所示。从干燥剂颜色来看，C 相下节内部受潮程度比其他几节要大。

3）干燥剂放电问题

B、C 两相上节均发现干燥剂袋外侧有放电痕迹。干燥剂固定位置（导电管上）基本相同。

导电管占电阻片柱大约 1/4 位置，整体电阻片柱分为 4 部分，从上法兰开始数，前 1~3 部分为电阻片部分，第 4 部分为导电管。由于导电管所处位置与外部瓷套存在电位差，固定在导电管上的干燥剂受潮后，干燥袋突出部位很容易出现放电现象。

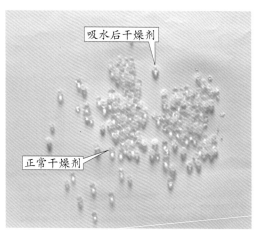

图 7-3-15　干燥剂对比

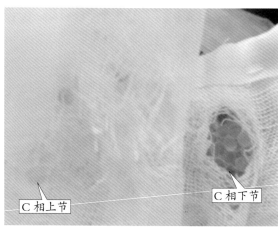

图 7-3-16　C 相干燥剂对比

正常运行状态下，避雷器上节承受电压比下节高。

4）均压环效果问题

该变电站避雷器所处地区为高海拔、e 级污秽，因此每节避雷器高度为 1.65 m，比普通 220 kV 避雷器（1.3 m）高出 0.35 m，整只避雷器（2 节）就会高出 0.7 m。但该避雷器采用与普通避雷器同一尺寸的均压环，如果对整只 2.6 m 的避雷器均压效果为 100%，则对 3.3 m 的避雷器均压效果就会打一定折扣。

5）电阻片试验

2013 年 2 月 3 日对解体 B、C 相电阻片进行直流试验，试验数据见表 7-3-3。

表 7-3-3　B、C 相电阻片进行直流试验

序号	B 相上节		C 相上节		B 相下节		C 相下节	
	U_{1mA}/kV	$I_{0.75U_{1mA}}$/μA	U_{1mA}/kV	$I_{0.75U_{1mA}}$/μA	U_{1mA}/kV	$I_{0.75U_{1mA}}$/μA	U_{1mA}/kV	$I_{0.75U_{1mA}}$/μA
1	5.17	6	5.27	4	5.28	5	5.24	13
2	5.14	9	5.26	2	5.24	3	5.27	6
3	5.15	4	5.26	4	5.30	3	5.25	2
4	5.14	6	5.24	2	5.25	3	5.26	2
5	4.86	12	5.19	3	5.24	3	5.29	2

续表

序号	B 相上节		C 相上节		B 相下节		C 相下节	
	U_{1mA}/kV	$I_{0.75U_{1mA}}$/μA	U_{1mA}/kV	$I_{0.75U_{1mA}}$/μA	U_{1mA}/kV	$I_{0.75U_{1mA}}$/μA	U_{1mA}/kV	$I_{0.75U_{1mA}}$/μA
6	5.15	4	4.89	18	5.29	4	5.18	4
7	5.18	5	5.15	2	5.29	14	5.26	1
8	5.15	6	5.16	4	5.29	3	5.25	1
9	5.12	6	5.15	2	5.28	3	5.19	2
10	5.12	5	5.13	3	5.28	3	5.28	1
11	5.13	3	5.15	2	5.26	2	5.17	2
12	5.13	6	5.16	3	5.25	2	5.18	1
13	5.23	2	5.15	2	5.26	3	5.15	3
14	5.24	2	5.22	2	5.28	4	5.19	3
15	5.16	2	5.21	4	5.28	3	5.19	2
16	5.25	1	5.15	2	5.09	3	5.13	4
17	5.13	4	5.14	3	5.12	2	5.28	1
18	5.20	2	5.24	2	5.14	3	5.20	2
19	5.12	3	5.16	3	5.10	3	5.15	2
20	5.21	3	5.15	8	5.10	3	5.20	2
21	5.22	4	5.23	3	5.10	2	5.26	2
22	5.24	3	5.21	3	5.08	2	5.14	2
23	5.24	3	5.23	2	5.10	2	5.12	2
24	5.23	2	5.22	3	5.10	3	5.20	2
25	5.20	11	5.22	3	5.06	3	5.19	2
26	5.24	4	5.24	6	5.08	2	5.20	2
27	5.26	4	5.22	3	5.13	2	5.25	2
28	5.23	2	5.22	4	5.06	2	5.25	1
29	5.23	2	5.18	14	5.14	4	5.26	1
30	5.23	2	5.10	5	5.07	2	5.16	2

　　表 7-3-3 中电阻片排列是从上法兰开始计数。从表 7-3-3 的数据中看出，B 相上节第 5 个电阻片、C 相上节第 6 个电阻片，直流 1 mA 电压明显比其他电阻片低。B 相上节直流 1 mA

电压平均值为 5.18 kV，其第 5 个电阻片比平均值低 6.2%；C 相上节直流 1 mA 电压平均值为 5.18 kV，其第 6 个电阻片比平均值低 5.6%。这说明这两个电阻片可能存在两个方面的问题：一是电阻片侧面釉绝缘有所下降；二是电阻片有劣化的趋势，其劣化可能是电位分布不均造成的。

综上所述，认为此型号避雷器结构设计不合理，整体避雷器电位分布有缺陷，且 C 相下节内部有受潮迹象。

7.3.4 预防措施及建议

（1）对该变电站在运避雷器进行 RTV 涂料喷涂。

（2）对沿海或潮湿的运行环境，宜采用硅橡胶复合外套避雷器。

7.4 220 kV 避雷器电阻片缺陷导致绝缘闪络故障

7.4.1 故障情况说明

1. 故障前的运行方式

故障前系统运行方式：220 kV Ⅰ、Ⅱ 母线环并运行，平九线、丹九一线、九铁线在 220 kV Ⅰ 母线运行，水九线、丹九二线、九孔线在 220 kV Ⅱ 母线运行。

2. 故障过程描述

2015 年 4 月 24 日 5 时 57 分，220 kV 开关站 220 kV 母线 Ⅰ、Ⅱ 套保护启动，母差保护动作跳 220 kV 母联、九铁线、丹九一线、平九线开关，未造成负荷损失。检查现场发现 220 kV Ⅰ 母电压互感器 219 间隔 A 相避雷器故障，压力释放阀动作。更换后对避雷器进行解体检查，发现故障相避雷器沿电阻片柱外表面发生绝缘闪络。原因为避雷器内电阻片在故障前存在受损现象，部分电阻片侧面釉缺失，导致电阻片柱整体外绝缘能力降低，过电压耐受能力下降，在雷电过电压情况下发生绝缘击穿。避雷器内部电阻片受损可能由运输或安装环节造成。当时天气情况：10℃，雷雨，南风 5 级。

3. 故障设备基本情况

故障设备型号为 Y10W-204/532，出厂日期为 2012 年 5 月 9 日，投运日期为 2013 年 5 月 20 日。

额定电压为 204 kV，持续运行电压为 159 kV，直流参考电压 ≥ 296 kV，绝缘形式为瓷外套。编号：A 相 1403007（故障）；B 相 1403018；C 相 1403015。

7.4.2　故障检查情况

1. 外观检查

运行人员检查现场发现 220 kV Ⅰ母电压互感器 219 间隔 A 相避雷器本体与架构连接处、接地带有放电烧损痕迹，避雷器监测智能传感器烧损，现场情况如图 7-4-1 和图 7-4-2 所示。

通过雷电定位系统查询跳闸时间段线路雷击情况见表 7-4-1。

图 7-4-1　现场烧损情况

此处为现场散落的压力释放盖板

图 7-4-2　散落的压力释放盖板

表 7-4-1　线路雷击情况

220 kV 线路名称	时间	电流 / kA	杆塔	雷击次数
丹九一线	5 时 56 分	−29.6	63—64	后续第 5 次回击
丹九一线	5 时 57 分	−9.3	74—75	单次回击
丹九一线	5 时 57 分 20 秒	350	85—88	单次回击
平九线	5 时 56 分	−17.8	25—26	后续第 3 次回击
平九线	5 时 54 分	364.8	65—66	单次回击

4 月 24 日线路雷击时怀疑错误型号避雷器未动作（因雷雨天气无法登塔检查），没起到过电压泄流的作用，雷电波入侵至母线，造成 220 kV Ⅰ 母线避雷器频繁动作，怀疑该母线 A 相避雷器因质量问题烧损。经雷雨后巡视确认，220 kV 两条母线避雷器均有动作，动作计数器显示见表 7-4-2。

表 7-4-2　4 月 25 日现场母线避雷器计数器显示

相别	Ⅰ 母线 B 相	Ⅰ 母线 C 相	Ⅱ 母线 A 相	Ⅱ 母线 B 相	Ⅱ 母线 C 相	2016 年 10 月计数
计数	11	10	12	11	11	例行试验后均为 10

2. 试验验证

更换前进行例行试验数据见表 7-4-3。

表 7-4-3　4 月 25 日现场试验数据

编号	绝缘电阻 /Ω	U_{1mA}/kV	$I_{0.75U_{1mA}}$/μA	U_{1mA}（交接值）/kV	初值差 /%
1403015 上节	20000	154.4	19	153.1	0.85
1403015 下节	20000	153.7	17	153.0	0.46
1403018 上节	20000	155.5	13	151.5	2.64
1403018 下节	20000	154.9	18	151.5	2.24

4 月 26 日，解体前对非故障相避雷器进行高压试验，试验项目包括测试直流 1 mA 参考电压、0.75 倍直流 1 mA 电压下的泄漏电流、工频参考电压、持续运行电压下的全电流和阻性电流。直流试验数据见表 7-4-4，交流试验数据见表 7-4-5。

表 7-4-4　实验室直流试验数据

编号	U_{1mA}/kV	$I_{0.75U_{1mA}}$/μA	U_{1mA}（交接值）/kV	初值差 /%
1403015 上节	154.1	8.9	153.1	0.65
1403015 下节	153.8	6.2	153.0	0.52
1403018 上节	155.0	6.6	151.5	2.31
1403018 下节	154.9	13.6	151.5	2.24

表 7-4-5　实验室交流试验数据

编号	施加电压 U/kV	I_x/mA	I_{RIP}/mA	φ/（°）	U（工频参考）/kV
1403015 上节	79.5	0.557	0.110	81.85	103.6
	63	0.440	0.060	84.31	
1403015 下节	79.5	0.537	0.103	82.10	103.1
	63	0.428	0.058	84.54	
1403018 上节	79.5	0.543	0.103	82.20	103.9
	63	0.434	0.058	84.48	
1403018 下节	79.5	0.555	0.102	82.42	104.5
	63	0.444	0.058	84.59	

从以上数据可以看出，非故障相避雷器高压试验数据无异常。

1）验证电阻片碎裂或破损对避雷器整体的高压试验结果影响

由于该避雷器在交接和例行试验中并未发现异常，为验证电阻片碎裂或破损对避雷器整体的试验结果影响，电科院对完好的电阻片柱进行电阻片碎裂和破损模拟，进行高压试验后发现，部分电阻片碎裂或破损对整个电阻片柱试验数据影响不大，所以避雷器内部电阻片柱有部分碎裂或破损在交接和例行试验中可能难以发现。碎裂或破损模拟试验结果见表 7-4-6。

表 7-4-6　碎裂或破损模拟试验结果

形式	U_{1mA}/kV	$I_{0.75U_{1mA}}$/μA	I_x/mA	I_{RIP}/mA	φ/（°）
完好	153.9	13	0.529	0.120	80.65
破坏 10 片	154.1	13	0.527	0.125	80.19

将该破损电阻片柱装入瓷套，此时避雷器单节共计 34 片电阻片已损坏 14 片，主要为侧面釉破损、电阻片碎裂。对其施加工频电压进行局放和红外检测，检测结果无异常。局放试验检测结果见表 7-4-7，红外检测结果见表 7-4-8。

表 7-4-7 局放试验检测结果

施加电压 /kV	102	79.5	79.5(40min 后)
局放 /pC	<10	<10	<10

表 7-4-8 红外检测结果

施加电压 /kV	79.5(10 min)	79.5(30 min)	79.5(60 min)
结果	无异常	无异常	无异常

2）电阻片破损前后直流和残压试验对比

（1）完好电阻片

取一片 $D60 \text{ mm} \times 22 \text{ mm}$ 完好无损的电阻片，进行直流参考电压试验、泄漏电流试验和标称放电电流试验。完好电阻片直流及残压试验结果见表 7-4-9，试验照片如图 7-4-3~ 图 7-4-4 所示。

表 7-4-9 完好电阻片直流及残压试验结果

直流参考电压 /kV	泄漏电流 / μ A	标称放电电流残压 /kV
4.58	9	7.79

（2）破损电阻片

将 $D60 \text{ mm} \times 22 \text{ mm}$ 电阻片沿边用榔头敲掉一块后，进行直流参考电压试验、泄漏电流试验和标称放电电流试验。试验结果见表 7-4-10，试验照片如图 7-4-5~ 图 7-4-8 所示。

表 7-4-10 破损电阻片直流及残压试验结果

直流参考电压 /kV	泄漏电流 /μA	标称放电电流残压 /kV
4.59	10	电阻片沿破损部分闪络

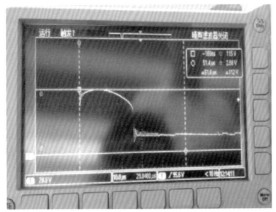

图 7-4-3　标称放电电流残压试验电压波形

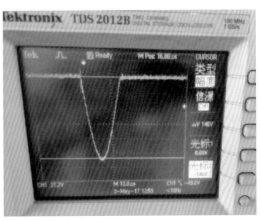

图 7-4-4　标称放电电流残压试验电流波形

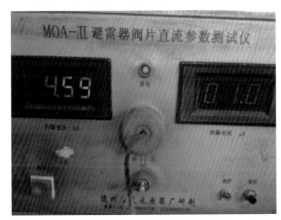

图 7-4-5　破损后电阻片直流参数

图 7-4-6　破损电阻片标称放电电流残压试验

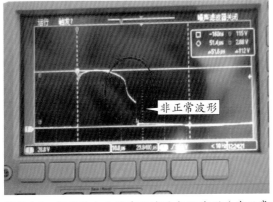

图 7-4-7　标称放电电流残压试验电压波形（非正常波形）

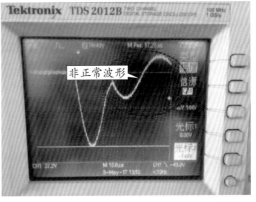

图 7-4-8　标称放电电流残压试验电流波形（非正常波形）

电阻片破损前后的直流 1 mA 及泄漏电流破损前后无明显变化。$D60 \text{ mm} \times 22 \text{ mm}$ 电阻片侧面经破损处理后，电阻片外绝缘不能耐受 10 kA 标称放电冲击电流试验，外绝缘（在电阻片破损处）出现闪络。

3）电阻片破损前后方波冲击试验对比

（1）完好电阻片

对试品 1 按照国家标准进行 2 ms 方波冲击电流耐受电流试验，试验结果见表 7-4-11，试验照片如图 7-4-9 和图 7-4-10 所示。

表 7-4-11　完好电阻片试验结果

试验前		方波冲击电流耐受		试验后	
$U_{1\text{mA}}/\text{kV}$	$U_{10\text{kA}}/\text{kV}$	电流 /A	耐受次数	$U_{10\text{kA}}/\text{kV}$	变化率 /%
4.69	7.92	620~640	18	7.86	−0.75

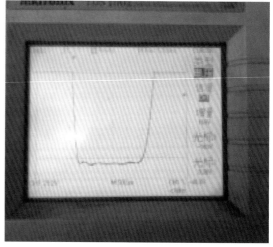

图 7-4-9　试品 1 方波冲击电流耐受试验图　　　图 7-4-10　试品 1 方波冲击电流试验电流波形

（2）破损电阻片

在电阻片破损的情况下，做残压试验电阻片会发生闪络，所以直接对试品 2 进行 2 ms 方波冲击电流耐受电流试验。试验结果见表 7-4-12，试验照片如图 7-4-11 和图 7-4-12 所示。

表 7-4-12　破损电阻片试验结果

施加方波冲击电流 /A	施加冲击电流次数 / 次	试验结果
600	2	电阻片闪络

图 7-4-11　试品 2 方波冲击电流耐受试验图　　　　图 7-4-12　试品 2 第二次方波耐受波形

完好的 D60 mm × 22 mm 电阻片可以耐受 18 次 600 A 的方波冲击电流。D60 mm × 22 mm 电阻片侧面经破损处理后，在 600 A 方波冲击电流耐受试验中，第一次方波冲击电流试验可以耐受，第二次方波冲击电流时，外绝缘（在电阻片破损处）出现闪络。

4）完好电阻片大电流冲击试验

对完好的 D60 mm × 22 mm 电阻片进行 100 kA 的大电流冲击试验，按 GB 11032—2010《交流无间隙金属氧化物避雷器》中要求施加 2 次 100 kA 大电流冲击，电阻片不应出现击穿或闪络等破坏。

厂家对完好的 D60 mm × 22 mm 电阻片共 2 片进行大电流冲击试验，连续施加 100 kA 的大电流冲击，在施加 8 次后其中 1 片出现炸裂击穿，炸裂击穿电阻片如图 7-4-13 所示。

图 7-4-13　大电流冲击试验 8 次后电阻片炸裂击穿

由试验可以看出，大电流冲击试验结果符合标准要求，而且在大电流连续冲击下，如电阻片无法耐受，则会出现击穿或者炸裂现象。

3. 解体检查

1）1403007（故障相）

首先对故障相上下节进行解体检查，将上、下法兰盖板卸下，将电阻片柱抽出，电阻片柱表面全部烧黑，并有部分碎裂。故障相上下节电阻片柱如图 7-4-14 所示。

将环氧树脂支撑杆锯断，取出电阻片，可以看出，闪络烧蚀痕迹均在电阻片侧面釉表面，确定避雷器绝缘击穿为经电阻片柱表面闪络，另外，部分电阻片存在侧面釉缺失、电阻片不完整的情况，且断面位置有烧蚀痕迹，烧蚀痕迹为黑色，故障后破损的电阻片断面为绿色。破损电阻片如图 7-4-15~ 图 7-4-18 所示。

2）1403018、1403015（非故障相）

分别将编号 1403018 上下节、编号 1403015 上下节进行解体检查，均未见受潮和放电痕迹，4 节电阻片柱如图 7-4-19 和图 7-4-20 所示。

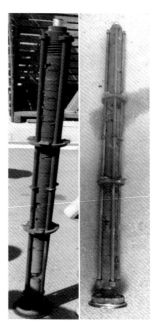

图 7-4-14　故障相上下节电阻片柱（左侧为上节，右侧为下节）

图 7-4-15　故障相上节电阻片

图 7-4-16　故障相上节缺失电阻片断面

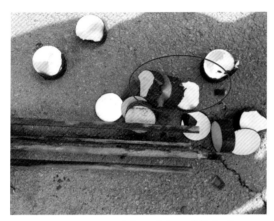

图 7-4-17　故障相下节电阻片拆卸图

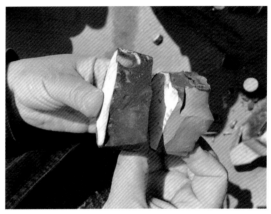

图 7-4-18　下节故障后破损电阻片断面为绿色

图 7-4-19　编号 1403018 上下节电阻片柱

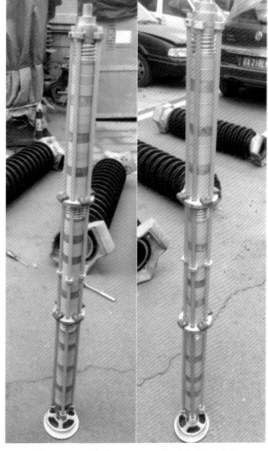

图 7-4-20　编号 1403015 上下节电阻片柱

7.4.3　故障原因分析

220 kV 线路出口安装的带间隙避雷器参数错误，型号为 YH10CX5-204/592W，间隙距离为（900 ± 50）mm，经核实，该型号避雷器不适合安装在变电站线路出口。根据《关于印发〈预防多雷地区变电站断路器等设备雷害事故技术措施〉的通知》（国家电网生〔2009〕1208 号）中第四部分以及公司"220 kV 交流系统保护开关断口用带串联小间隙复合外套金属氧化物避雷器技术规范"中要求，安装在 220 kV 变电站进线终端塔上带串联间隙避雷器的正确参数应为：避雷器本体：额定电压 204 kV，10 kA 标称雷电流下的残压小于 500 kV；雷电冲击 50% 放电电压小于 500 kV，工频放电电压 200 kV，工频耐受电压 180 kV。

通过对故障相和非故障避雷器的高压试验、解体检查以及试验验证，得出结论如下。

（1）本次故障的主要原因是避雷器本体存在缺陷，在发生雷电过电压时造成 I 母 A 相故障避雷器上、下节沿电阻片柱表面发生绝缘闪络，避雷器压力释放动作，在线监测器烧损。

（2）A 相故障避雷器上、下节内电阻片柱均存在部分电阻片侧面釉缺失、电阻片不完整的情况，断面位置有烧蚀痕迹，说明在避雷器发生绝缘闪络前电阻片已经碎裂或破损。电阻片的侧面釉是绝缘介质，侧面釉的缺失会造成电阻片柱整体表面绝缘能力降低，但系统运行电压不足以击穿故障相电阻片柱的表面绝缘，但是在线路发生雷击产生过电压时，该避雷器电阻片柱表面绝缘无法承受此电压而发生沿面绝缘闪络。经过 EMTP（电磁暂态程序）过电压仿真计算得出，故障时，母线 A 相的感应雷过电压幅值为 369.71 kV。

（3）经过电科院电阻片碎裂和破损整节模拟试验验证，发现部分电阻片碎裂或破损对整节电阻片柱试验数据影响不大，所以避雷器内部电阻片柱有部分碎裂或破损在交接和例行试验中可能难以发现。

（4）经过厂家的电阻片破损前后试验对比验证，发现完好电阻片试验结果无异常，而破损电阻片在进行标称放电电流残压试验、600 A 方波冲击试验时均会沿缺失处发生闪络，另外，完好电阻片在 100 kA 大电流冲击试验 8 次后发生炸裂击穿现象，与本次故障电阻片柱表面闪络情况不一致，说明本次故障的根本原因是由于电阻片侧面釉缺失降低了电阻片柱表面绝缘，导致绝缘薄弱，在过电压情况下出现闪络。

（5）电阻片柱中部分电阻片碎裂或破损的原因目前无法查证，怀疑是运输过程中的冲撞所造成。

（6）非故障相避雷器解体未见异常。

7.4.4　预防措施及建议

（1）按照规程要求加强雷雨季节前后避雷器带电检测和运行巡视。

（2）开展避雷器短时间内遭受多次雷击的累积损害及耐受能力研究。

7.5 ⚡ 500 kV 避雷器法兰结构问题导致爆炸故障

7.5.1　故障情况说明

1. 故障过程描述

2013 年 8 月 23 日 16 时 39 分，沙河营变电站 #2 主变一次侧 5012、5013 开关，二次侧 2202 开关，三次侧 602 开关跳闸。#2 主变一次侧避雷器 A 相有严重的放电痕迹，泄漏电流表表面发黑，有明显放电痕迹，回路中其他设备无异常。故障相避雷器如图 7-5-1 所示。

图 7-5-1　故障相避雷器

#2 变压器保护屏显示：差动保护动作，故障差流 17849A，一次侧 A 相故障电流 3200A，二次侧 A 相故障电流 5460A。根据现场情况判断，#2 主变开关跳闸原因为主一次 A 相避雷器对地故障放电所致。

2. 故障设备基本情况

#2 主变压器，型号：OSFS-750 MV·A/500 kV；额定容量：750000/750000/240000 kV·A；联结组标号：YN a0 d11；生产日期：2007 年 9 月；投运日期：2007 年 12 月 20 日。

#2 主变一次避雷器为氧化锌避雷器，型号：Y20W-420/995W；额定电压：444 kV；运行编

号：207480T；制造日期：2007 年 7 月；投运日期：2007 年 12 月 20 日。

7.5.2 故障检查情况

1. 试验验证

1）变压器试验

对 #2 主变进行了油色谱试验、绕组连同套管的绝缘电阻测试、绕组连同套管的电容量及介质损耗因数测试、绕组连同套管的直流电阻测试、绕组变形试验，测试成绩均合格。#2 主变压器试验结果见表 7-5-1，油色谱试验结果见表 7-5-2。

表 7-5-1 变压器试验结果

绕组连同套管的电容量及介质损耗因数	油温 /℃	初始电容量/pF	实测电容量 /pF	$\tan\delta$/%	误差 /%		
一次、二次对三次、地	26	22900	22930	0.225	0.13		
三次对一次、二次、地	26	32820	32720	0.334	−1.37		
绕组连同套管的绝缘电阻	油温 /℃	R_{15s}/MΩ	R_{60s}/MΩ	R_{600s}/MΩ	吸收比	极化指数	
一次、二次对三次、地	26	8000	8500	12500	1.06	1.47	
三次对一次、二次、地	26	6000	7000	12000	1.16	1.714	
绕组连同套管的直流电阻	油温 /℃	A-A$_m$/mΩ	B-B$_m$/mΩ	C- $_{Cm}$/mΩ	A$_m$-N/mΩ	B$_m$-N/mΩ	C$_m$-N/mΩ
分接位置 2	26	141.8	141.8	142.1	80.06	80.95	80.40
分接位置 2	23	139.5	139.6	139.7	78.86	79.55	79.01

表 7-5-2 油色谱试验数据

取样日期	试验日期	H_2	CH_4	C_2H_6	C_2H_4	C_2H_2	总烃	CO	CO_2
2013-07-16	2013-07-17	85	5.86	0.86	0.98	0.00	7.70	630	1248
2013-08-14	2013-08-15	96	5.80	0.60	1.00	0.00	7.40	407	1201
2013-08-23	2013-08-23	100	6.71	2.92	1.30	0.00	10.93	439	1264

2）故障避雷器试验

故障避雷器试验数据见表 7-5-3。

表 7-5-3　故障避雷器试验数据

检测项目	编号：207480T			编号：207397T			编号：207485T		
	上节	中节	下节	上节	中节	下节	上节	中节	下节
氧化物避雷器绝缘电阻实测值/MΩ	0	0	0	8000	8400	8000	4800	3200	9000
氧化物避雷器绝缘电阻初始值/MΩ	50000	50000	50000	50000	50000	50000	50000	50000	50000
直流 1 mA 参考电压实测值/kV				207	200.9	179.3	204.6	200	191
直流 1 mA 参考电压初始值/kV				212.7	202.9	196.3	211	202.4	196.4
0.75 倍直流 1 mA 参考电压下泄漏电流实测值/μA				19	45	80	23	70	59
0.75 倍直流 1 mA 参考电压下泄漏电流初始值/μA				20	20	20	25	25	20

测试数据标明，由于故障相击穿，绝缘电阻为零。其他两相直流 1 mA 参考电压均不同程度减小，0.75 倍直流 1 mA 参考电压下泄漏电流均不同程度增加。

2. 解体检查

在拆卸避雷器过程中，三相避雷器上、中节下法兰处均有积水，积水呈现黄褐色，判断含有大量铁锈；故障相避雷器法兰内固定钢圈及螺栓锈蚀严重，防爆膜破损。故障相避雷法兰内积水情况如图 7-5-2 所示，故障相紧固螺栓锈蚀及防爆膜损坏情况如图 7-5-3 所示。

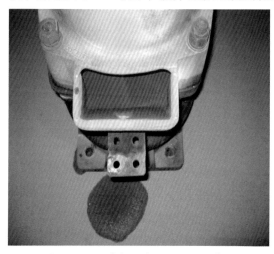

图 7-5-2　故障相避雷法兰内积水情况

图 7-5-3　故障相紧固螺栓锈蚀及防爆膜损坏情况

7.5.3 故障原因分析

根据现场情况判断，#2 主变开关跳闸原因为主一次 A 相避雷器对地故障放电所致。

通过对故障避雷器的初步检查及试验表明，避雷器本体严重受潮甚至进水。分析认为，该批次产品瓷套上下法兰胶装错误，导致下法兰没有排水孔，大雨时，雨水从法兰防爆排气口进入，却不能及时排出，是导致避雷器受潮的根本原因。下法兰空腔内积水，固定阀体和防爆膜的螺栓锈蚀严重，同时防爆膜失去密封性能，水汽由此进入避雷器内部。当下法兰内部空腔内大量积水时，如遇到冰冻天气，法兰内部积水结冰并膨胀，极有可能造成防爆膜机械损伤，出现裂纹。避雷器严重受潮后，内部阀片发热加剧，瓷套表面温升出现异常。当受潮到一定程度时，避雷器不能承受电压作用而内部击穿，在运行中损坏。避雷器排水孔位置如图 7-5-4 所示。

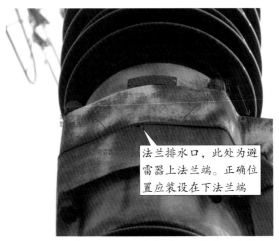

法兰排水口，此处为避雷器上法兰端。正确位置应装设在下法兰端

图 7-5-4 避雷器上下法兰安装错位，排水孔安装在上法兰

7.5.4 预防措施及建议

按照规程要求加强雷雨季节前后避雷器带电检测和运行巡视。

7.6 500 kV 避雷器老化缺陷导致绝缘击穿故障

7.6.1 故障情况说明

1. 故障过程描述

2015 年 7 月 1 日 23 时 21 分 09 秒，500 kV 某线路 C 相故障跳闸，重合不良，两套差动保护动作，重合闸后加速保护动作，三相开关跳开。对侧故障电流 10300 A，零序电流 10600 A，故障测距 36 km，雷雨天气；该变电站侧故障电流 4894 A，零序电流 4470 A，故障测距 104 km，阴天；变电站内检查发现，500 kV 该出线 C 相避雷器外瓷套表面存在大面积损伤情况，泄漏电流表连接导线断裂。

2. 故障设备基本情况

故障设备型号：Y10W1-444/995，每相由 3 节构成，每节高度 1610 mm。外绝缘爬电距离 15300 mm，污秽等级 d 级，爬电比距 27。均压环直径：上部 1000 mm，下部 1600 mm；深度 880 mm。出厂日期：1997 年 12 月；投运日期：1998 年 5 月 22 日。编号：A 相：72785；B 相：73114；C 相：73115。

7.6.2　故障检查情况

1. 外观检查

避雷器外瓷套表面整体烧灼，未看到放电电弧通道。由于故障时压力释放动作，导致电弧和气体喷出造成喷口处有严重烧灼痕迹，瓷套表面大面积烧蚀。下节伞裙破损，观察断口较新，且没有被熏黑的迹象，故判断非避雷器故障所致。上、中节上端盖板变形。上、中、下节避雷器外观及上、中节上端盖板如图 7-6-1~图 7-6-3 所示。

图 7-6-1　下、中、上节避雷器外观（从左至右）

2. 解体检查

7 月 3 日，500 kV 故障避雷器整组进行解体分析，由于故障避雷器绝缘为零，故无法进行高压试验。以下为解体过程。

1）电阻片柱

将避雷器底部金属盖板打开，发现三节避雷器防爆板均已破损。破损防爆板如图 7-6-4 所示。将避雷器电阻片柱连同绝缘套筒抽出，观察三节绝缘套筒均有熏黑的痕迹，趋势均为由两

图 7-6-2　上节上端盖板　　　　　　　　　　　图 7-6-3　中节上端盖板

端至中间，另外，中节绝缘套筒有严重的烧灼痕迹。绝缘套筒烧灼痕迹如图 7-6-5 所示。

　　电阻片柱由中间环氧树脂支柱、环状电阻片及金属垫片构成，上节共 56 片电阻片，中、下节各 57 片，电阻片直径 105 mm、厚度 20 mm。上节电阻片柱并联有两根均压电容棒，中节并联一根。打开绝缘套筒后，发现有部分电阻片碎片散落。整个电阻片柱侧面釉烧损严重，电容棒外部环氧筒有烧灼痕迹。电阻片柱如图 7-6-6 所示。同时，解体发现中节的紧实弹簧已失去弹性，无法恢复。紧实弹簧如图 7-6-7 所示。

图 7-6-4　底部盖板和防爆板　　　　　图 7-6-5　上、中、下节绝缘套筒烧灼痕迹

图 7-6-6　上、中、下节电阻片柱　　　　　图 7-6-7　紧实弹簧

2）电阻片

将电阻片从环氧支柱中拿出，可以清晰看到 3 节电阻片柱的环形电阻片外侧面釉全部烧损，中节及下节环状电阻片内环侧面釉部分烧损，电阻片表面有"由外向内"的烧灼痕迹，可以判定，避雷器是沿电阻片侧面釉发生绝缘闪络。每节电阻片柱中均有碎裂的电阻片，破损的电阻片断面成同心环状，有部分电阻片沿碎裂处存在放电碳化现象。按碎裂分布情况统计，上节集中在中下部、中节集中在上部及中下部、下节集中在上部及中下部。其中，上节碳化程度最轻，下节最严重。电阻片破损情况如下：上节 12 片（分别为第 9、15、18、19、20、22、24、38、47、49、53 片和第 54 片）、中节 12 片（分别为第 1、3、7、11、15、18、23、24、28、30、54 片和第 55 片）、下节 9 片（分别为第 2、33、36、40、42、47、50、55 片和第 57 片）。整体电阻片未见受潮痕迹。电阻片灼烧情况如图 7-6-8 所示，破损的电阻片如图 7-6-9 所示。

图 7-6-8　电阻片烧灼情况　　　　　图 7-6-9　破损的电阻片

3）环氧支柱

起固定和支撑作用的环氧支柱有不同程度的烧灼痕迹，其中上节仅在顶部有少许痕迹，中、下节支柱烧灼痕迹严重。与之对应，上节电阻片内环侧面釉基本上没有烧灼痕迹，中、下节内环侧面釉存在部分烧灼现象。环氧支柱烧灼痕迹如图 7-6-10 所示。

4）均压电容棒

如前所述，上、中节均压电容棒表面烧灼熏黑。电容棒情况如图 7-6-11 所示。每根均压棒内均为 30 个小电容串联，将内部电容取出，发现靠近两端的小电容表面有烧灼痕

图 7-6-10　环氧支柱烧灼痕迹

迹，中间部位的小电容外观基本完好，没有烧灼痕迹。小电容外观情况如图 7-6-12 所示。

图 7-6-11　电容棒的情况

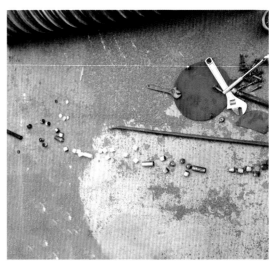

图 7-6-12　均压棒中小电容

抽取部分电容进行测试，施加电压为小电容的额定电压 3.5 kV。电容量对比试验结果见表 7-6-1。

表 7-6-1　电容量对比试验结果

序号	电容状态	电容量 /pF	序号	电容状态	电容量 /pF
1	表面完好	551.7	6	表面被熏黑	555.5
2		551.5	7		544.2
3		544.4	8		554.3
4	表面被熏黑	559.0	9		551.1
5		561.8	10		541.5

由于小电容的出厂值无从查证，仅从表面完好与表面有烧灼痕迹的小电容之间比较，电容量并无明显差别，证明并联电容没有损坏。

5）故障相解体初步分析

从受损程度分析，避雷器首先沿上节侧面釉击穿，逐步发展至整体。避雷器电阻片存在环形破裂现象，怀疑此现象为电阻片"热崩溃"导致。该避雷器从 1998 年运行至今，已近 20 年，不排除部分电阻片的破裂是由于电阻片之间存在个体差异，性能发生劣化导致，待其他两相试验及解体后再进行进一步分析。

3. 试验验证

1）避雷器非故障相试验

7 月 20 日至 21 日，该出线 A 相、B 相避雷器送至辽宁电科院试验大厅，按前期讨论的试验方案开展高压试验和解体分析，整体试验结果如下。

（1）直流试验。直流 1 mA 参考电压试验数据见表 7-6-2。

表 7-6-2　直流 1 mA 参考电压试验数据

相别	编号	节次	2017-07-20 实验室数据		
			绝缘电阻 /MΩ	U_{1mA}/kV	75% $I_{0.75U_{1mA}}$ 电流 /μA
A	72785	上节	> 10000	208.7	47
		中节	> 10000	209.1	32
		下节	> 10000	210.8	36
B	73114	上节	> 10000	208.1	49
		中节	> 10000	209.8	42
		下节	> 10000	208.9	43

（2）交流试验。持续运行电压下的泄漏电流检测试验数据见表7-6-3。

表7-6-3 持续运行电压下的泄漏电流检测试验数据

相别	编号	节次	施加电压 U/kV	I_x/mA	I_{RIP}/mA	φ/（°）	$U_{工频参考}$/kV	局放量/pC
A	72785	上节	108	2.875	0.397	84.38	155.2	< 10
			96	2.581	0.318	84.98		
		中节	108	2.118	0.323	83.77	156.3	< 10
			96	1.880	0.254	84.47		
		下节	108	1.559	0.306	81.97	155.6	< 10
			96	1.391	0.243	82.89		
B	73114	上节	108	2.780	0.394	84.23	155.8	< 10
			96	2.488	0.317	84.82		
		中节	108	2.159	0.353	83.34	156.2	< 10
			96	1.922	0.280	84.05		
		下节	108	1.566	0.314	81.81	155.4	< 10
			96	1.409	0.250	82.73		

（3）介损试验。电容量及介损试验数据见表7-6-4。

表7-6-4 电容量及介损试验数据

相别	编号	位置	C/pF	$\tan\delta$/%
A	72785	上节	111.1	4.464
		中节	94.19	5.165
		下节	80.05	5.679
B	73114	上节	114.9	4.291
		中节	98.22	4.817
		下节	80.86	5.621

以上避雷器本体高压试验结果均符合标准要求，交流试验时同时进行红外测温检测（加压2小时），试验结果未见异常。

（4）电阻片直流试验。根据避雷器本体试验结果，确定73114上节直流泄漏电流最大，故对其进行解体及电阻片试验，试验结果见表7-6-5。

表 7-6-5　73114 上节电组片直流 1 mA 参考电压与 0.75 倍
直流 1 mA 参考电压下的泄漏电流试验数据

编号	U_{1mA} /kV	$I_{0.75U_{1mA}}$ /μA	编号	U_{1mA} /kV	$I_{0.75U_{1mA}}$ /μA	编号	U_{1mA} /kV	$I_{0.75U_{1mA}}$ /μA	编号	U_{1mA} /kV	$I_{0.75U_{1mA}}$ /μA
1	3.67	48	16	3.76	46	31	3.56	39	46	3.71	36
2	3.76	50	17	3.67	41	32	3.72	41	47	3.67	36
3	3.71	48	18	3.65	45	33	3.70	36	48	3.80	35
4	3.70	40	19	3.75	39	34	3.64	37	49	3.69	39
5	3.70	46	20	3.74	49	35	3.77	43	50	3.77	37
6	3.70	36	21	3.74	39	36	3.75	45	51	3.68	35
7	3.59	40	22	3.80	40	37	3.76	39	52	3.78	41
8	3.70	39	23	3.74	43	38	3.69	51	53	3.78	37
9	3.68	44	24	3.78	45	39	3.80	39	54	3.72	36
10	3.78	48	25	3.70	49	40	3.76	46	55	3.64	46
11	3.71	39	26	3.78	44	41	3.75	46	56	3.77	42
12	3.69	49	27	3.77	39	42	3.83	36	57	3.72	41
13	3.65	40	28	3.72	45	43	3.70	46			
14	3.77	42	29	3.79	49	44	3.74	42			
15	3.56	37	30	3.76	39	45	3.72	37			

　　73114 上节每片直流 1 mA 参考电压为 3.65 kV。从表 7-6-5 中可以看出，73114 上节电阻片直流泄漏整体偏大，达到 50 μA 的共计 2 片，低于 3.65 kV（上节电阻片平均直流 1 mA 参考电压）电阻片 5 片。后续将从该节电阻片中选取部分送至厂家进行下一步的试验分析。

　　（5）电容棒检测。均压电容棒电容量试验数据：73114 上节 C_1 为 11.95 pF，C_2 为 11.89 pF。73114 上节的两根均压电容棒测试结果横向比较基本一致，无异常。

　　2）非故障相解体

　　2 相避雷器共计 6 节，外绝缘表面均存在防污涂料喷涂不均匀现象。避雷器整体喷涂情况如图 7-6-13 所示。

　　根据避雷器本体试验结果，确定 73114 上节直流泄漏电流最大，故对其进行解体。将 73114 上节避雷器上、下法兰盖板拆卸，防爆板密封完好，未见受潮痕迹。将电阻片柱抽出后，绝缘套筒和电阻片柱均未见受潮和放电痕迹。避雷器上、下法兰如图 7-6-14 所示，避雷器绝缘套筒和电阻片如图 7-6-15 所示。

由以上解体情况可以看出，避雷器本体内部并无受潮痕迹，密封良好，只是瓷套外表面涂料存在涂抹不均匀现象。

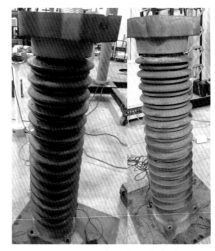

图 7-6-13 避雷器整体喷涂情况

3）方波通流能力检测和大电流冲击试验

选取 73114 上节部分电阻片进行方波通流能力检测和大电流冲击试验，主要选取直流泄漏电流偏大和故障相 C 相中碎裂电阻片同位置的电阻片进行试验，从而验证电阻片性能情况，方波通流容量和大电流冲击试验结果见表 7-6-6，方波通流容量试验前后直流 1 mA 参考电压试验结果见表 7-6-7，大电流冲击试验前后直流 1 mA 参考电压试验结果见表 7-6-8。按 GB 11032—2010 中要求，该型号避雷器电阻片应能耐受 18 次 1500 A 的方波冲击电流；施加 2 次 100 kA 大电流冲击，电阻片不应有击穿或闪络等破坏。

图 7-6-14 避雷器上、下法兰图

图 7-6-15 绝缘套筒和电阻片

表 7-6-6　方波通流容量和大电流冲击试验结果

编号	试验类别	次数	结果
2	方波通流容量	1500 A 进行 18 次	通过
12	方波通流容量	1500 A 进行 18 次	通过
22	方波通流容量	1500 A 进行 18 次	通过
25	方波通流容量	1500 A 进行 18 次	通过
38	方波通流容量	1500 A 进行 18 次	通过
29	方波通流容量	1500 A 连续 30 次	通过
7	大电流冲击	100 kA 进行 3 次	通过
15	大电流冲击	100 kA 进行 3 次	通过
20	大电流冲击	100 kA 进行 3 次	通过
49	大电流冲击	100 kA 进行 5 次	通过

表 7-6-7　方波通流容量试验前后直流 1 mA 参考电压试验

方波通流容量试验前			方波通流容量试验后		
编号	U_{1mA}/kA	$I_{0.75U_{1mA}}$/μA	编号	U_{1mA}/kA	$I_{0.75U_{1mA}}$/μA
2	3.74	49.5	2	3.71	50
12	3.68	49.4	12	3.67	50
22	3.78	40.4	22	3.77	42
25	3.69	45.3	25	3.69	47
38	3.67	49.3	38	3.63	51
29	3.81	52	29	3.77	55.6

注：29 号进行连续 30 次 1500 A 方波试验，其余为进行 18 次 1500 A 方波试验。

表 7-6-8　大电流冲击试验前后直流 1 mA 参考电压试验

大电流冲击试验前			大电流冲击试验后		
编号	U_{1mA}/kA	$I_{0.75U_{1mA}}$/μA	编号	U_{1mA}/kA	$I_{0.75U_{1mA}}$/μA
7	3.57	38.8	7	3.49	52.1
15	3.54	35.3	15	3.46	49.6
20	3.72	48.4	20	3.66	59.4
49	3.68	36.8	49	3.61	51.6

注：49 号进行 5 次 100 kA 大电流试验，其余进行 3 次。

由以上试验结果可以看出，进行返厂试验的电阻片均通过试验，其中 29 号电阻片承受连续 30 次方波试验未发生击穿和热崩溃，49 号电阻片承受 5 次大电流冲击试验未发生击穿，说明电阻片的性能可以承受此类连续的能量冲击。方波通流和大电流冲击试验前后电阻片直流参考电压略有下降（最大下降 2.26% ＜标准要求值 5%）。

4）电阻片试验

将返厂试验的电阻片在试验大厅进行进一步的试验分析，主要验证进行返厂试验后的电阻片性能变化，与未进行返厂试验的电阻片进行横向对比。电阻片直流 1 mA 参考电压试验结果见表 7-6-9，电阻片交流泄漏电流试验结果见表 7-6-10，电阻片电容量及介损试验结果见表 7-6-11。

表 7-6-9　电阻片直流 1mA 参考电压试验

未进行返厂试验			进行返厂试验		
编号	$U_{1\text{mA}}$/kA	$I_{0.75U_{1\text{mA}}}$/μA	编号	$U_{1\text{mA}}$/kA	$I_{0.75U_{1\text{mA}}}$/μA
6	3.72	40	25	3.69	47
33	3.71	37	12	3.67	50
42	3.82	36	29	3.81	52
50	3.77	35	49	3.61	50
21	3.74	36	7	3.52	50

注：29 号经连续 30 次方波试验，49 号经 5 次大电流试验。

表 7-6-10　电阻片交流泄漏电流试验（试验电压 1.8 kV）

未进行返厂试验				进行返厂试验			
编号	I_x/mA	I_{RIP}/mA	φ/（°）	编号	I_x/mA	I_{RIP}/mA	φ/（°）
21	1.502	0.248	83.25	7	1.555	0.308	81.89
50	1.479	0.237	83.47	49	1.552	0.307	81.29
42	1.464	0.236	83.41	29	1.487	0.275	82.43
33	1.509	0.248	83.28	12	1.533	0.282	82.46
6	1.517	0.251	83.29	25	1.508	0.271	82.64

表 7-6-11 电阻片电容量及介损试验（试验电压 2 kV）

未进行返厂试验			进行返厂试验		
编号	C_x/nF	tanδ/%	编号	C_x/nF	tanδ/%
6	2.661	13.40	25	2.621	14.64
33	2.638	13.33	12	2.667	15.15
42	2.637	12.39	29	2.589	14.72
50	2.567	12.72	49	2.701	16.40
21	2.602	13.12	7	2.732	17.08

由以上试验结果可以看出，进行返厂试验的电阻片直流参考电压和介损试验结果与未参加返厂试验的电阻片横向比较均无明显差别，但交流泄漏电流中阻性电流分量均有所增大，电阻片进行返厂试验性能发生劣化为正常现象，同时说明交流阻性电流检测可以有效发现电阻片性能变化。

5）电位分布试验

对一个非故障相（A 相）避雷器（编号 72785）在试验大厅进行电位分布试验，上、中、下三节共 9 个电位分布测试探头（由于该避雷器电阻片间无金属垫块，故受到探头厚度等结构因素限制，每节避雷器只能安装 3 个探头）。其中，在每节避雷器的最顶端电阻片下表面与最底部电阻片上表面分别布置一个探头，而每节的中间探头位置则综合考虑了非故障相直流 1 mA 参考电压最低点位置与故障相碎裂严重位置，最终确定上节中间探头位置为 15 号电阻片与 16 号电阻片之间，中节中间探头位置为 23 号电阻片与 24 号电阻片之间，下节中间探头位置为 40 号电阻片与 41 号电阻片之间。试验电压为 500 kV 避雷器最大持续运行电压 324 kV，试验结果及其与 1998 年历史试验数据的对比情况见表 7-6-12。

表 7-6-12 72785 号避雷器电位分布测试结果

第一节			第二节			第三节		
测点位置	本次试验数据 I/mA	1998 年历史数据 I/mA	测点位置	本次试验数据 I/mA	1998 年历史数据 I/mA	测点位置	本次试验数据 I/mA	1998 年历史数据 I/mA
1-2	1.67	1.59	1-2	1.72	1.48	1-2	1.79	1.66
15-16	1.64	1.56	23-24	1.58	1.52	40-41	1.73	1.66
55-56	1.56	1.56	56-57	1.43	1.66	56-57	1.81	1.66

注：1998 年测试探头与此次测试用探头大小不同，但原理相同。

通过对表 7-6-12 的分析可知，与 1998 年对应位置的历史数据相比，避雷器上、中、下节在最大持续运行电压下的泄漏电流整体呈现增加趋势，表明避雷器内电阻片存在整体老化趋势；1998 年测试得到的电位分布不均匀系数为 0.037，本次测量得到的电位分布不均匀系数为 0.048，略有增加，表明避雷器整体电位分布不均匀度有所增加，但没有超出相关标准。

6）试验分析小结

由以上试验和解体分析可知，该出线 C 相避雷器首先沿上节侧面釉击穿，逐步发展至整体。避雷器电阻片存在环形破裂现象，怀疑此现象为电阻片"热崩溃"导致。该避雷器从 1998 年运行至 2015 年，已近 20 年，不排除部分电阻片可能有老化现象。

某变电站某线 A、B 相避雷器内部无受潮迹象，本体整节试验和电容棒所有项目试验均符合标准要求，电阻片直流泄漏电流有所增大，电位分布不均匀度略有增加。而返厂进行方波通流容量和大电流冲击试验均通过，同时取 29 号电阻片连续进行 30 次方波通流容量试验，取 49 号电阻片连续进行 5 次大电流冲击试验，均通过试验，说明电阻片可以承受此类有限次数的连续的能量冲击，因而本次故障并不是该批次避雷器的固有家族性缺陷，该型号避雷器满足运行要求，暂不需更换，但需加强带电检测和运行巡视。

7.6.3 故障原因分析

（1）长期运行中，避雷器电阻片逐渐老化并导致泄漏电流增加，而增大的泄漏电流产生热效应又进一步加速了电阻片的老化过程。怀疑故障相老化程度严重，长期热老化的积累效应、短时间内多次遭受雷电冲击与对端重合闸的工频电压升高，共同导致了该避雷器的热崩溃。

（2）A、B 相避雷器各部件外观完好，内部无受潮迹象，所有试验项目均符合标准要求，判断本次故障不是该批次避雷器的家族性缺陷，该型号避雷器可以满足目前运行要求，暂不需更换，但需加强带电检测和运行巡视。

7.6.4 预防措施及建议

（1）按照规程要求加强雷雨季节前后避雷器带电检测和运行巡视。

（2）开展避雷器短时间内遭受多次雷击的累积损害及耐受能力研究。

第8章 电抗器、电容器故障案例汇编

8.1 ⚡ 66 kV 电抗器匝间短路故障

8.1.1 故障情况说明

1. 故障前运行方式

#1 电抗器保护屏显示：66 kV #1 电抗器过流 Ⅱ 段保护动作（二次电流为 1.79 A，CT 变比 800/1A），一次电流值为 1432 A。（电抗器过流保护 Ⅱ 段过流起动整定值为额定电流的 1.5 倍，800 A Ⅰ 段过流起动整定值为额定电流的 5 倍，为 2640 A。）

2. 故障过程描述

2013 年 1 月 20 日 15 时 33 分，某 500 kV 变电站 #1 主变三次侧 #1 电抗器 6651 开关跳闸。现场检查发现，#1 电抗器开关在分位，#1 电抗器 A 相本体中性点连接处以及底部外数第二、第三层包封之间有明显放电痕迹，上部防雨帽被熏黑。

当时系统无操作、无故障，66 kV 系统电压为 64 kV，天气情况：中午为雨夹雪，下午为中雪天气，气温在 –1℃，天气潮湿。

3. 故障设备基本情况

#1 电抗器 A 相为 66 kV 户外、干式空心、支柱式电抗器，其型号为 BKDGKL-20000/66。

额定电流 525 A，A 相实测电抗 75 Ω，制造厂家是上海 MWB 互感器有限公司，制造日期为 2007 年 5 月，并于 2007 年 9 月 28 日投入系统运行。

#1 电抗器组三相额定容量为 60000 kvar，三相电抗器原来均为加拿大海佛莱公司 1996 年产品，2007 年 3 月 10 日该组电抗器 A 相故障损坏，由上海 MWB 公司生产一台同类型产品于 2007 年 9 月 28 日安装投运（替换原来的 A 相电抗器）。

该组电抗器于 2009 年 4 月份进行停电检修试验，2011 年 8 月份对外表面喷涂防紫外线漆，并对包封气吹清扫。

8.1.2 故障检查情况

1. 外观检查情况

通过外观检查确定故障点为从最外层数第二包封层与第三包封层之间。现场安排对 #1 主变压器进行油色谱分析，色谱数据未见异常。

2. 解体检查情况

共解体了 3 个包封，详细情况如下：

第一包封解体后，在通风道内侧有许多纤维突起（为玻璃纤维丝少量断裂引起，正常现象，不影响运行），内表面未见其他放电和损坏现象。设备情况如图 8-1-1~图 8-1-13 所示。

图 8-1-1 第一包封外表面（部分切割）

图 8-1-2 第一包封内表面

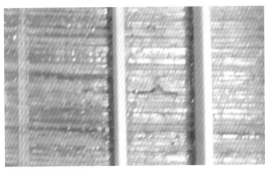

图 8-1-3　第二包封外侧开裂（一）　　　　　图 8-1-4　第二包封外侧开裂（二）

图 8-1-5　第二包封外侧爬电痕迹　　　　　图 8-1-6　第二包封外侧横向裂缝

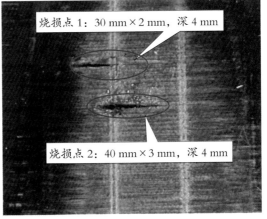

烧损点 1：30 mm×2 mm，深 4 mm

烧损点 2：40 mm×3 mm，深 4 mm

图 8-1-7　第二包封内侧上部　　　　　图 8-1-8　第二包封内侧上部烧损点

图 8-1-9　第二包封内侧下部

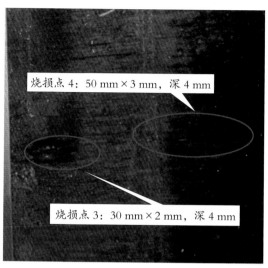

烧损点 4：50 mm×3 mm，深 4 mm

烧损点 3：30 mm×2 mm，深 4 mm

图 8-1-10　第二包封内侧下部烧损点

图 8-1-11　第三包封外侧横向裂缝

图 8-1-12　第三包封内侧上部熏黑

第二包封解体后，在外表面发现多处横向裂缝及微小爬电，其中距离上端 54 cm 处（撑条附近）发现长约 26 cm 爬电痕迹，距离上端 88 cm 处有横向裂缝；内表面烧痕长约 288 cm，贯穿电抗器整个高度。发现 4 处烧损孔洞，分别位于距电抗器上端 18 cm（长约 30 mm）、22 cm（长约 40 mm）处，距电抗器下端 14 cm（长约 30 mm 和 50 mm）处，分别出现绕组导线熔断现象。

第三包封解体后，外表面烧痕长约 288 cm，贯穿电抗器整个高度。距离电抗器上端 91 cm

处有横向裂缝的延伸（长约 30 mm），内表面距离电抗器上端 91 cm 处有横向裂缝的延伸（长约 30 mm），其他部位良好。

第四包封外表面距离电抗器上端 90 cm 处有横向裂纹（熏黑），其他部位良好。

8.1.3　故障原因分析

通过解剖分析，导致电抗器烧损的主要原因是电抗器制造工艺不良，设备制造当时包封绕制采用玻璃丝横绕工艺（现在工艺为横绕与交叉绕制相结合），包封绕制时存在绕纱不均问题。加之绕组电流密度较大，各包封温升较高，长期运行使得环氧树脂绝缘发生老化，导致出现横向裂缝。裂缝致使设备周围场强畸变，特别是

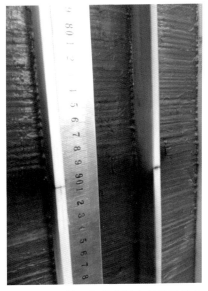

图 8-1-13　第四包封外侧上部熏黑横向裂纹

处于电抗器绝缘撑条附近的裂缝，其场强更是在撑条的影响下严重畸变。由于电抗器暴露在大气中，潮气侵入裂缝，裂缝严重处出现放电并发展成爬痕，局部放电继续发展，导致局部过热，又造成其他绝缘薄弱点发生放电，最终导线绝缘受到损伤，引发匝间短路，导致贯穿性放电，电抗器损坏。

此电抗器是按照传奇（加拿大）公司的早期设计工艺进行加工制造的，当时因考虑三相匹配问题，没有采用上海 MWB 互感器新工艺（电缆线），绝缘裕度小（包封结构高度不够，导线聚酯薄膜只有两层，新工艺为三层）也是导致故障的原因之一。

8.1.4　预防措施及建议

（1）电抗器安装防鸟栅，开展电抗器表面及各风道的紫外漆和绝缘漆的喷涂工作，以增强电抗器防污、防潮能力。

（2）建议在可研和初步设计时统一电抗器标准，如基础、参数、安装方式等，以便在电抗器出现故障时可以互相替换，尽快恢复送电。

（3）干式电抗器招标选型时选用新工艺设备（明确技术条件），如：

a. 适当加高电抗器各包封的结构高度，以降低包封纵向沿面场强；

b. 电抗器各包封采用电缆（由铝导线编织压制而成）绕制，减小绕组电流密度；

c. 包封绕制采用横绕与交叉绕制相结合工艺，并适当加厚外边几个包封的绝缘厚度；

d. 引导供应商使用更可靠的材料（如换位线、耐热等级更高的绝缘材料等），更完善的工艺（如加强包封环流控制、改善包封密封效果、采用真空浇注工艺等），有效提高产品的可靠性；

e. 改进遮雨罩结构，适当加大遮雨罩外径尺寸，缩小其与电抗器包封间的缝隙距离，防止灰尘落入包封之间的缝隙中。

（4）建立干式空心电抗器定期检查制度，项目主要有开展水冲洗或风吹，直流电阻与对地绝缘性能试验，损耗试验，匝间过电压试验等。

通过以上检查，及时发现隐患，降低干式空心电抗器在正常运行时的事故率，避免对电力系统正常运行造成影响。

8.2　66 kV 电抗器绝缘烧毁故障

8.2.1　故障情况说明

1. 故障过程描述

2012 年 9 月 14 日下午，某 220 kV 变电站 66 kV SVC 用相控电抗器发生烧毁故障。

2. 故障设备基本情况

产品名称：干式空心相控电抗器

产品型号：BKGKL-66-2 118.85-371

生产编号：A(12-1339)；B(11-1202)；C(11-1203)

系统电压：66 kV　　　　　额定电流：271 A

额定电感：237.7 mH　　　　额定容量：5139.222 kvar

额定频率：50 Hz　　　　　额定电压：27705 V

绝缘等级：F 级　　　　　　绝缘水平：LI 325 AC 165

8.2.2 故障检查情况

1. 外观检查情况

经现场查看，A、B 相电抗器下线圈外部起火，在出线端子的部位，起火点位于第 9~11 包封处，中间瓷瓶有一支熏黑，对应底部瓷瓶及地面有烧融的铝氧化物，其他部位未见异常，如图 8-2-1 所示。

（a）

（b）

（c）

（d）

图 8-2-1 现场图片

经查询录波记录可知，电抗器在 2012 年 9 月 14 日 13 时 40 分电流达到 8.29A 时速断动作，事故发生时母线电压 A、B、C 相没有变化，SVC 的 A、B 相在 13 时 40 分 05 秒到 13 时 41 分 15 秒时在 700 A 电流峰值下运行了一分多钟，电抗器的最大电流峰值到达 1500 A 以上后保护动作，B、C 相电流均在峰值 400 A 左右正常运行，如图 8-2-2 所示。

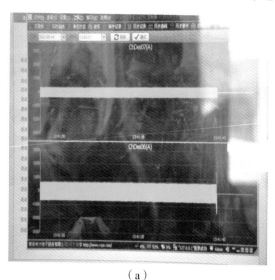
（a）

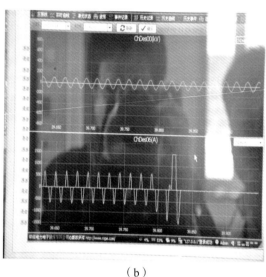
（b）

图 8-2-2　波形图

2. 解体检查情况

2012 年 9 月 26 日，会同厂家及相关专家，对损坏电抗器进行现场解剖。解剖发现，第 10 包封导线已从下到上贯穿性烧毁，包封下部和上部各有一个大洞出现，有大量导线熔化的金属残渣，见图 8-2-3。第 9 和第 11 包封也被严重波及，包封绝缘被烧毁，烧损部位焦黑一片，如图 8-2-4 和图 8-2-5 所示。

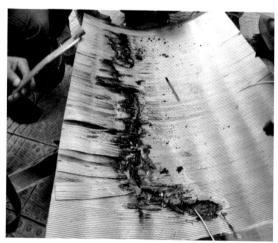

图 8-2-3　第 10 包封烧损情况

图 8-2-4　第 9 包封烧损情况　　　　　图 8-2-5　第 11 包封烧损情况

8.2.3　故障原因分析

根据解体情况分析，损坏的原因应该是导线在该处有夹渣、毛刺等缺陷，导致在运行过程中发生匝间短路，产生局部过热，在长期的热累积效应下，造成局部温度过高，产生绝缘老化，匝间短路范围不断扩大，使得电抗器包封电流不断增大，最终造成从下至上贯穿性烧毁，铝导线被烧断，同时引起相邻两包封的包封绝缘被严重烧损，电抗器下段烧毁。

因此，故障因设备质量问题引起，故障部位导线有夹渣、毛刺，导线焊接不良，铝线拉丝过程失误导致部分导线过细，覆膜绝缘强度不够或存在损伤，绕包线圈时施工人员不小心碰破覆膜绝缘等缺陷是导致事故发生的直接原因。

8.2.4　预防措施及建议

某公司将三相相控电抗器全部拆除返厂，故障电抗器由公司负责更换，其余两相电抗器由公司负责做各类出厂检测试验，抚顺供电公司派人监造，合格后公司负责到现场安装。

8.3 66 kV 电抗器跳闸故障（一）

8.3.1 故障情况说明

1. 故障过程描述

2013 年 11 月 10 日 20 时 16 分，运行人员看到场区有弧光现象，并听到很大响声，监控事故报警，66 kV #1 电抗器跳闸，光字牌显示 66 kV #1 电抗器保护 CSC-231 电流 Ⅱ 段动作、66 kV #1 电抗器 6621 开关在分位。

微机保护检查情况：北京四方 CSC-231 保护 66 kV #1 电抗器 C 相故障跳闸，电流 Ⅱ 段动作，故障电流二次值 2.031A（电流互感器变比 800/1）。

20 时 30 分将检查情况汇报省调；20 时 38 分省调下令拉开 66 kV #1 电抗器 66212 刀闸。

2. 故障设备基本情况

型号：BKK-20000/66　　　　生产日期：2008 年 6 月

额定电压：60/√3 kV　　　　额定电流：577 A

生产厂家：北京电力设备总厂　　额定电抗：60 Ω

8.3.2 故障检查情况

1. 外观检查情况

66 kV #1 电抗器 6621 开关在分位，66 kV #1 电抗器 C 相本体东南侧支持瓷柱有电弧熏黑的痕迹，如图 8-3-1 所示。

2. 试验验证情况

对 66 kV #1 电抗器本体安排了强风吹灰清扫和相关例行试

图 8-3-1　C 相全景图

验项目，并对其支持瓷柱喷涂 PRTV。试验项目及试验数据见表 8-3-1。

表 8-3-1　试验项目及试验数据　　　　　　mΩ

相别	直流电阻				绝缘电阻	
	2010 年 4 月 10 日	三相不平衡率 /%	2013 年 11 月 4 日	三相不平衡率 /%	2010 年 4 月 10 日	2013 年 11 月 4 日
A	108.9		109		10000	10000
B	109.3	0.82	110.1	1.29	10000	10000
C	109.7		110.4		10000	10000

试验结果合格。

8.3.3　故障原因分析

　　C 相故障位置在外数包封第二层与第三层之间。2013 年 11 月 12 日厂家技术人员对故障设备现场进行检查，分析认为：由于设备包层间存在污渍，故障发生前两日该地区有小雨，使得故障点绝缘强度下降，电场畸变，产生局部放电，局部放电继续发展导致局部过热，又造成其他绝缘薄弱点发生放电，最终导致贯穿性放电，支持瓷柱闪络。

8.3.4　预防措施及建议

　　运行人员加强巡视，尤其是对电抗器的红外测温。运行人员进行红外测温时，不仅要对电抗器的接点进行测温，还要对电抗器本体进行认真测温。

 ## 8.4　66 kV 电抗器跳闸故障（二）

8.4.1　故障情况说明

1. 故障前运行方式

故障当日电抗器运行情况如表 8-4-1 所示。

表 8-4-1　故障当日电抗器运行情况

时间	#1 电抗器		#3 电抗器	
	电压 /kV	电流 /A	电压 /kV	电流 /A
0 时	63.53	539.06	63.73	543.05
1 时	63.86	543.04	63.58	543.05
2 时	63.86	542.16	63.85	543.75
3 时	63.90	543.04	63.77	543.05
4 时	63.96	542.10	63.96	545.39
5 时	63.92	542.10	63.96	545.39
6 时	64.05	543.75	64.12	545.39
7 时	64.21	546.09	64.00	546.09
8 时	64.23	545.39	64.10	546.09
9 时	64.09	544.45	63.85	544.45
10 时	63.96	543.04	63.82	544.45
11 时	63.94	543.04	63.84	543.758
12 时	64.07	543.75	65.84	0
13 时	65.52	0	65.59	0
14 时	65.64	0	65.43	0

2. 故障过程描述

2013 年 12 月 17 日 11 时 14 分，天气晴，某变电站 66 kV 场区有异常响声，#3 电抗器 631 开关跳闸，后台显示 #3 电抗器 9647 过流 II 段动作。系统电压为 63.8 kV。

2013 年 12 月 22 日 12 时 43 分，天气晴，某变电站 66 kV 场区有异常响声，#1 电抗器 621 开关跳闸，后台显示 66 kV #1 电抗器 9647 过流 II 段动作。当时系统无操作、无故障，66 kV 系统电压为 64.07 kV。

3. 故障设备基本情况

型号：BKK-20000/66　　　　　　　　生产日期：2010-12-01

额定电抗：66.12 Ω　　　　　　　　　额定电压：63/$\sqrt{3}$ kV

额定电流：550 A　　　　　　　　　　投运日期：2012-07-01

生产厂家：北京电力设备总厂

8.4.2 故障检查情况

1. 外观检查情况

这两起故障现场设备、微机保护检查的情况极为相似，如图 8-4-1 和图 8-4-2 所示。

（a） （b）

图 8-4-1 #1 电抗器 A 相

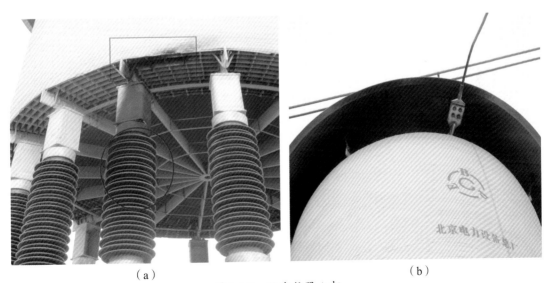

（a） （b）

图 8-4-2 #3 电抗器 A 相

（1）故障设备均为 A 相。

（2）放电部位均在本体底部外数第二、三层包封之间，底部南侧支持绝缘子均有明显放电痕迹。

（3）上部防雨帽均被熏黑。

（4）故障报告均显示 RCS-9647C 电抗器保护装置过流 Ⅱ 段动作，二次故障电流均为 1.85 A，一次故障电流为 $1.85 \times 800\,A = 1480\,A$。

2. 试验验证情况

该两组电抗器投运后，设备内数第一包封层表面均发现有不同程度的开裂情况。厂家技术人员现场对 #3 电抗器缺陷部分进行了紫外漆修复，并进行了强风吹扫和绝缘电阻、直流电阻测试，测试结果合格。

8.4.3　故障原因分析

2010 年及以前电抗器所配备的防雨帽，是老式平搭对接的搭接口，搭接口涂抹封口胶，如防水胶密封不严，会导致雨雪后水滴顺着搭接缝隙往下滴落到风道。

经过对这两台电抗器进行解剖发现，它们都存在一个共性——在电抗器内部风道发现大量的鸟粪污物，并且在多个绕包层几乎贯穿整个电抗器，在鸟粪处大多伴有局部放电、爬电的痕迹。在故障层外绝缘纵向贯穿性电弧闪络部位可见明显鸟粪残留痕迹。其中 230384 第 9 层故障位置仍残留有明显的鸟粪等污物，初步认为电抗器放电是鸟粪污物造成的，事故由外绝缘向内绝缘发展。

污物使电抗器局部表面电位梯度分布极不均，在潮湿空气等外界不利环境因素的联合作用下，使产品开始出现放电点。一开始几个放电点是孤立的，加上鸟粪等污物的促进作用，加速了局部放电的发展，使放电点沿着线圈表面开始爬电，当线圈沿面距离不足以承受两点之间的电位差时，两点之间便出现沿面弧闪，弧闪的热量及能量使线圈燃烧，燃烧产生的导电性粉尘向上扩张，进一步降低了表面绝缘电阻，加速了沿面爬电的发展，最终造成产品纵向贯穿性拉弧，造成故障，保护动作跳闸。

解剖试验观察结果表明，导线绝缘依然有相当好的韧性而没有老化发脆的痕迹，击穿电压也没有明显的下降，通过对两台电抗器进行的股间和层间绝缘试验以及工频耐受电压发现不小于出厂指标 4000 V，对于工作电压有 20 倍以上的安全系数，因此可以排除绝缘强度不够和老化造成故障的可能性。

解剖观察结果证明，跳闸之前的单匝短路闭合环是不存在的，否则巨大的闭合环短路电流不可能只损伤局部导线及绝缘，更不可能使该匝绝缘保持完整。

（66 kV，20 Mvar）电抗器产品近几年来在东北地区发生的故障具有明显的相似性，经分析认为故障产品本身存在一定缺陷，设计时对产品运行地区气候环境等因素未给予充分的重视，特别是未考虑到鸟害对产品有如此大的影响，产品未根据当地环境进行特殊设计，后期需要完善提高。

经过分析，认为此次电抗器故障的发生并非某单一的因素导致，而是由鸟粪因素、电抗器裂纹缺陷因素、环境因素等造成的。以上因素综合作用产生表面局部放电，使周围绝缘碳化。碳化导电沟道形成之后增大了局部表面电场强度，使局部表面放电持续缓慢发展，最终造成该层发生电弧闪络，最终引起保护跳闸。

8.4.4　预防措施及建议

1. 对现场运行产品的维护保养

对于现场运行的产品，针对故障发生的原因，制定详细的检查、维护、保养、防护方案，消除不利因素影响。具体的维护方案如下。

1）电抗器检查及清理

（1）电抗器绕组上端面检查。查看电抗器上端面是否有异物及鸟类搭窝现象，如有则及时清除。

（2）风道检查及清理。

a. 风道检查。用内窥镜对电抗器内部风道逐一进行检查，查看风道情况，重点查看内部风道是否有异物、污物、放电痕迹。如果有放电痕迹，则将电抗器返厂进行维修。

b. 风道清理。对于风道内灰尘、毛絮等污物采用空压机产生的不小于 6 个标准大气压的高压风吹洗，用高压风自线圈顶端向下吹各个风道，重点加强对积污较重、毛絮较多的风道的处理。

对于风道内鸟粪等痕迹，采用将蘸有酒精的纯棉白布长条从上到下贯穿擦拭的方法清除。

（3）检查引出线。逐一对电抗器各支路上下引出线进行检查，检查引出线与汇流排焊接是否牢靠，是否存在断股情况，并逐一记录。及时对焊接不牢或出现断股的支路进行恢复。

2）风道防护层喷涂

产品内部绕组风道由于早期技术原因未喷涂防污闪涂料，为产品安全运行留下隐患。对于现场运行的产品，应对内侧风道喷涂防污闪涂料，阻断污闪放电发生的途径，提高产品可靠性。

3）更换旧式防雨帽

将旧结构平口搭接防雨帽更换为新结构弧形搭接防雨帽，防止由于防雨帽搭接不严造成雪水进入绕组内部。

4）增加防风雪措施

在防雨帽下端增加侧裙，阻断风雪进入绕组上端的通路，保持绕组内部风道干燥，阻断污闪放电的发展。

5）增加防鸟装置

在电抗器下部内径及电抗器上部增加防鸟装置，切断鸟类进入电抗器的通路，阻断鸟害对电抗器的影响。

2. 对新生产的电抗器进行技术和工艺改进

目前在东北地区运行的 BKK-20000/66 并联电抗器产品多次发生事故，应该从产品设计、工艺控制和生产制造等方面采取多项改进措施，进一步提高产品的安全可靠性。具体措施如下。

1）增加外绝缘裕度

将电抗器线圈高度由原方案的 2950 mm 增加到 3300 mm，电抗器纵向绝缘爬距提高了 12%，纵向电位梯度由 12.3 V/mm 降低为 11 V/mm，减小了电抗器局部放电的概率，使保证产品安全可靠运行的裕度更高。

2）产品制造工艺改进

（1）在固化剂中加入增韧剂，提高包封层的抗开裂能力。根据理论研究，加入增韧剂后，环氧树脂的断裂韧性由 36 J/㎡ 提高到 200 J/㎡，抗开裂性能增加将近 6 倍，从而可以有效地抑制电抗器表面裂纹。

（2）改进包封结构，在每个包封层内增加绕制玻璃丝带，进一步提高产品包封的纵向抗开裂强度。

（3）调整产品固化曲线，延长固化出炉时间，减小由于线圈温度与环境温度差值大而产生的额外应力。

3）防鸟害措施

鸟粪污物的存在，进一步加速了表面电场畸变的程度，加速了局部放电的发展，会损伤外绝缘，同时沿鸟粪在电抗器表面的纵向爬电造成绝缘薄弱点拉弧进而烧毁电抗器，因此，鸟粪是导致电抗器事故的最严重原因之一，需要重点加以防护。

改进后的设计方案，需要在电抗器的防雨罩上配备防鸟装置，阻止鸟类进入电抗器，防止其在电抗器绕组上筑巢。

4）改进防雨罩的结构

早期的防雨罩结构存在搭接位置密封不严的问题，防雨罩上端覆盖的积雪在电抗器温升的烘烤下，融化的雪水会滴落到风道，与污物混合造成电抗器污闪放电，因此改进防雨罩的搭接口结构。改进后的防雨罩可以有效地防止雪（雨）水进入绕组内部。

8.5　66 kV 电抗器跳闸故障（三）

8.5.1　故障情况说明

1. 故障前运行方式

500 kV：青北 #1 线、青北 #2 线、董北线、北王线、沙北线、#1 主变一次回路、#2 主变一次回路正常运行中，500 kV 主接线 3/2 接线方式运行中。

220 kV：宁东 #2 线、北阳线、北天 #2 线、北天 #1 线、北田线、北双 #2 线、北双 #1 线、北青 #1 线、北水线、宁东 #1 线、阜宁线、#1 主变二次回路，#2 主变二次回路正常运行。

200 kV #1、#2 母联回路，Ⅰ、Ⅲ 母线分段回路，Ⅱ、Ⅳ 母线分段回路正常运行中。220 kV Ⅰ 、Ⅱ 、Ⅲ、Ⅳ 母线环并运行。

66 kV：#1 主变三次及 #2、#3 电抗器，#1 站用变压器运行中，#1 电抗器备用；#2 主变三次及 #4、#5 电抗器，#2 站用变压器运行中，#6 电抗器备用。66 kV #4 站用变压器备用中，站内交流负荷由 #1 站用变压器送出。

故障发生时，系统运行在正常方式，变电站无操作，系统运行正常。

2. 故障过程描述

2011 年 2 月 2 日 23 时 05 分，某 500 kV 变电站 #2 低压并联电抗器 A 相发生故障，电抗器开关跳闸，保护为过流 Ⅱ 段保护动作。

3. 故障设备基本情况

该电抗器为北京电力设备总厂生产的 BKK-20000/66 型干式空心电抗器，额定容量为 20000 kvar，2005 年 5 月出厂，2006 年投入运行。

8.5.2　故障检查情况

1. 外观检查情况

现场检查发现，#2 电抗器 A 相（见图 8-5-1）从支撑瓷柱至防雨罩有熏黑痕迹，故障位置处于电抗器第三、四包封之间（从内向外数），距离下引出线一个风道，包封之间烧痕严重。

2. 试验验证情况

2011 年 4 月 7 日对电抗器进行了试验，测试数据见表 8-5-1、表 8-5-2。

图 8-5-1　#2 电抗器 A 相

表 8-5-1　支路电阻测量

包封层	电阻值 /Ω	包封层	电阻值 /Ω
1-1		3-4	15.383
			15.225
1-2		3-5	15.346
			15.427
1-3		4-1	11.553
			11.552
1-4		4-2	11.563
			11.567
1-5		4-3	11.563
			11.520
1-6		4-4	11.783
			11.685
2-1	18.086	4-5	10.605
			10.633
2-2	17.925	5-1	10.598
	17.968		10.597
2-3	17.827	5-2	10.586
	17.838		10.555
2-4		5-3	10.598
			10.569
2-5		5-4	9.807
			9.838
3-1	2.8.52	6-1	9.858
	2.505		9.829
3-2	2.332	6-2	9.338
	2.862		9.354
3-3		6-3	9.281
	15.346		9.289

续表

包封层	电阻值 /Ω	包封层	电阻值 /Ω
6-4	9.313	9-3	9.568
	9.368		9.578
7-1	9.391	9-4	9.603
	9.313		9.605
7-2	9.253	10-1	9.914
	9.281		9.917
7-3	9.338	10-2	9.569
	9.395		9.493
7-4	9.251	10-3	9.919
	9.298		9.917
8-1	9.506	10-4	9.506
	9.578		9569
8-2	9.292	11-1	9.878
	9.391		9.914
8-3	9.569	11-2	9.919
	9.493		10.896
8-4	9.644	11-3	9.644
	9.603		9.603
9-1	9.917	11-4	9.939
	9.610		9.889
9-2	9.506		
	9.561		

表 8-5-2 层间绝缘电阻测量

包封层	下出线吊臂	股层间绝缘电阻 /MΩ
2-3	5 / 2	0
2-4	4 / 1	0
2-5	1 / 4	0

续表

包封层	下出线吊臂	股层间绝缘电阻 /MΩ
3-1	5 / 2	0
3-2	6 / 3	0

由于生产人员误将线圈下出线臂导线出线头全部剔开，因此整体试验无法测量。进行直流电阻试验发现，包封层的第 2 层和第 3 层中导线发现异常，初步说明事故发生在第 2 层和第 3 层之间。第 1 层导线直流电阻测量无法读取数值，说明导线可能断开。最终决定，解剖剩下第 1 层时再重新测量。

进行股层间绝缘电阻试验发现，第 2 层中导线层 3、4、5 层绝缘电阻为 0，第 3 层中导线层 1、2 层绝缘电阻为 0，其他包封层绝缘电阻正常。

通过以上两项试验，我们认为闪络发生在第 2 层和第 3 层之间，与电抗器烧毁的现状相符。第 1 层导线出线异常，非常奇怪。试验结果说明该层导线全部断开，检查导线焊头未出现断裂。第 1 层 12 根导线不可能全不通，解剖后只留第 1 层重新测试，发现部分导线头清理不干净，直流电阻测试也可能出现问题，重新测量通断情况，结果导线没有问题。因此，第 1 层导线上述两项试验结果有误。

3. 解体检查情况

电抗器第三、四包封之间发生闪络，烧痕纵向贯穿电抗器整个高度（2.97 m），横向波及 5 个通风道（45 cm）。整体闪络情况如图 8-5-2 所示。

在第三包封外表面发现 4 个孔洞，位于同一根撑条附近，距电抗器上端分别为 81 cm（见图 8-5-3）、118 cm（见图 8-5-4）、143 cm（见图 8-5-5）、256 cm（见图 8-5-6）。81 cm 故障点呈扁长形，长 10 mm，宽 3 mm；118 cm 故障点呈圆形，直径 2 mm；143 cm 故障点呈圆形，直径 5 mm；256 cm 故障点呈扁长形，长 10 mm，宽 3 mm。

图 8-5-2　电抗器整体闪络情况

图 8-5-3　81 cm 故障点　　　　　　　　图 8-5-4　118 cm 故障点

图 8-5-5　143 cm 故障点　　　　　　　　图 8-5-6　256 cm 故障点

　　在连接 4 处孔洞的绝缘撑条上发现了明显的爬电痕迹，如图 8-5-7 所示。在 143 cm 故障点处，撑条有被电弧烧伤的痕迹。

　　掀开绝缘层，发现 143 cm 故障点处导线熔断 8 根（第一层 4 根，第二层 4 根）（见图 8-5-8），256 cm 故障点处导线熔断 8 根（第一层 4 根，第二层 4 根），如图 8-5-9 所示。

　　解剖检查时发现，电抗器第九包封内表面存在一组鸟粪爬电，如图 8-5-10 所示，该组鸟粪爬电包含 6 处爬电，距电抗器上端分别为 64、80、93、106、127、162 cm。

　　产生爬电的鸟粪位于撑条附近，爬电的起始点大多伴随有明显裂缝的产生。

　　分析认为，潮湿的鸟粪使得撑条附近的裂缝有了湿气的侵入，而湿气会使得干式电抗器的绝缘性能严重下降，从而使得爬电超常规发展。

图 8-5-7 撑条爬电痕迹

图 8-5-8 143 cm 故障点的导线

图 8-5-9 256 cm 故障点的导线

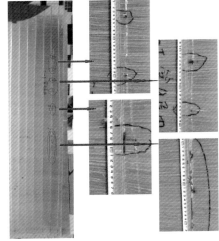

图 8-5-10 鸟粪爬电

8.5.3 故障原因分析

由以上现象以及多次的电抗器解体现象分析，电抗器故障的发生是多个因素作用导致的结果，包括裂缝因素、撑条因素、引线因素、鸟粪因素以及其他因素等。

1. 裂缝因素

干式电抗器运行中，在应力作用下会产生很多裂缝，这是一个不争的事实，而裂缝的存在会导致场强畸变进而发展成爬电，成为电抗器故障的起发点。

2. 撑条因素

撑条与电抗器表面接触而形成的直角会导致此处的场强畸变。解剖时我们发现，处于撑条附近的裂缝容易发展出爬电痕迹，这也验证了撑条附近场强的异常。而针对这几次故障解剖发现，故障点间的闪络都是沿着撑条发展的，撑条的存在，为故障的发展恶化提供了通道。

3. 引线因素

多数电抗器的故障点都处于引线附近，分析认为，引线处电流大，温度高，冬季寒冷时鸟类喜欢飞入电抗器取暖，更愿意靠近引线，所以导致引线附近鸟粪痕迹多，从而放电概率加大；而远离引线处鸟粪痕迹较少，所以放电概率小。

4. 鸟粪因素

从鸟粪爬电可以发现，鸟粪对电抗器的恶化影响很大。尤其是鸟粪的存在，使得电抗器很容易沿着鸟粪方向同时发展出多个爬电痕迹并迅速发展。这些爬电痕迹如果继续恶化，很容易造成爬电点间的拉弧，进而烧毁电抗器。鸟粪是电抗器故障最严重的导火索之一。

5. 其他因素

电抗器现有的技术结构是国际上通用的技术结构，这种结构已有 30 年的历史，全世界有几千台此结构的电抗器在运行。仅北京电力设备总厂生产的在国内投运的 BKK-20000/66 产品就有近 500 台，运行在东北、华北、西北、河南等网省电力公司，在东北地区运行的有 270 台。据厂家介绍，到目前为止，几次事故主要发生在辽宁、吉林等地，华北、西北、河南未发生过类似事故（1999 年 12 月份，BKK-20000/66 的产品最早运行在北京顺义 500 kV 变电站，到目前运行良好）。基于以上因素，我们认为该类事故具有一定的区域性，可能与大气环境和运行环境有一定关系。

综合以上分析，认为本次故障的直接原因是鸟粪因素。鸟粪沿着电抗器引线附近流下，使得该垂直方向受潮。而沿着鸟粪痕迹，距离电抗器上端 64、80、93、106、127 cm 及 162 cm 处原本就存在 6 处裂缝，该 6 处裂缝在自身场强的畸变以及鸟粪的潮湿、撑条导致的畸变的多重影响下，爬电快速发展，最终导致相互间的拉弧而发生故障。

8.5.4 预防措施及建议

此类电抗器故障的预防措施及建议如下。

（1）电抗器加装防鸟栅。对现场运行的电抗器加装防鸟栅，杜绝鸟类进入。防止鸟类进入电抗器，是保证电抗器安全运行最简单、最有效的措施。

目前，已经初步完成了对防鸟栅的设计，待试验成熟后即将推广使用。防鸟栅示意图如图 8-5-11 所示。

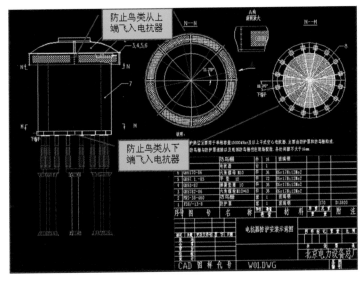

图 8-5-11 防鸟栅示意图

（2）提升产品质量，避免或尽量减少裂缝。电抗器的故障基本都是以裂缝处为起始点发展恶化的，如何避免或尽量减少裂缝，需要厂家进行深入的研究。厂家对此已经立项，计划从三个方面入手进行改进：①从施工工艺方面进行改进，在每层包封的内层铺设玻璃丝网格带，同时包封时增大花包角度，增加纵向纤维，防止树脂过脆产生横向纤维之间的横向裂纹。②优化固化曲线，在固化过程中减慢升温速度，延长升温时间，使绝缘在各级温度下达到里外均匀，均匀固化之后再缓慢升高加热温度。在降温阶段延长降温的时间和梯度，使固化应力均匀释放，避免因应力不均匀产生裂缝。总的热固化周期相应延长。③改进固化剂，对现有的固化体系进行增韧。目前厂家正在和清华大学等高校进行联系沟通，清华大学教授正在研发一种方胺类固化剂，如果成功的话，可以有效避免裂缝问题。

（3）对现场运行的电抗器进行定期清理，除去鸟粪、铁锈、污秽以及已经发展出来的炭黑等异物，减缓电抗器的恶化。

（4）提高电抗器防雨帽防雨效果，防止雨水进到电抗器中。特别是防止大风天气雨水进到电抗器包封层内道中。

（5）电抗器表面的 RTV 涂料有着良好的憎水性，但是其有效使用年限有限。为了防止 RTV 涂料失效，现场需要每四年对 RTV 涂料进行复涂。

8.6 66 kV 电容器组外部熔断器群爆故障

8.6.1 故障情况说明

1. 故障前运行方式

故障发生时，某 220 kV 变电站 66 kV 系统运行方式为：① 66 kV Ⅰ 母线，铧新甲线、#3 电容器（备用）、灯铧乙线、灯铧甲线、铧沙甲线、#1 主二次、铧西甲线、铧柳甲线、#2 主二次（备用）；② 66 kV Ⅱ 母线，#2 电容器（备用）、铧新乙线、#2 站用变、铧沙乙线、铧西乙线、铧冠线、铧柳乙线。

2. 故障过程描述

2010 年 5 月 1 日 6 时 59 分，东部集控中心运行值班人员对所管辖的某 220 kV 变电站 #1 电容器进行遥控合闸操作，同一时间监控后台显示某 220 kV 变电站 #1 电容器桥差保护动作，开关跳闸。7 时 40 分，灯塔操作队运行值班人员到现场检查发现 #1 电容器组 A 相 #6—#10，#16—#20 熔丝群爆（10 个），#8 电容器外部熔断器熔丝管炸飞，A 相桥差电流互感器避雷器爆炸，保护显示故障电流 12.42 A（二次值），保护动作正确。现场电容器外部检查无鼓肚、喷油等现象，其他两相检查无异常，当时天气良好。

3. 故障设备基本情况

某 220 kV 变电站共有 66 kV 并联电容器 3 组，接线方式为单星桥差电流接线方式，型号均为 BAM21-334-1W，苏州电力电容器有限公司 2008 年 11 月制造出厂。#1 电容器组容量为 20 Mvar（60 台），#2 电容器组容量为 28 Mvar（84 台），3 号电容器组容量为 28 Mvar（84 台）；外部熔断器型号为 BRW-21，额定电流 24A，生产厂家为苏州电力电容器有限公司。上述 3 组电容器组于 2009 年 5 月 7 日投运，截至 2010 年 5 月 1 日前运行无问题。

8.6.2 故障检查情况

（1）由于当时电容器无备品，将 #1 电容器组进行减容运行（12 台），经计算电抗率为 4.8%，运行无问题。

（2）已通知苏州电力电容器有限公司，该公司将无偿提供 3 台备品，并安排进行更换。将故障电容器（#8）进行解体，证实此电容器为贯穿性击穿，每一并联段均有元件损坏。

8.6.3 故障原因分析

由试验人员对单台电容器电容量测试成绩来看，A 相 #8 电容器电容量无法测出（不是为零），电容器内部元件为 4 并 14 串，初步判断这一电容器每一并联段都有电容元件被击穿（解体已证实）。电容器击穿情况示意图如图 8-6-1 所示。

电容器损坏一般均为过电压造成，熔断器群爆一定是过电流作用的结果。

当集控中心运行值班人员遥控合闸操作电容器开关时，产生了操作过电压，故障录波图形中显示 A 相为峰值时合闸，由于 #8 电容器本身很大程度上在此次遥控合闸前其内部单元已有部分并联元件被击穿，从 A 相电流幅值比 B、C 相幅值大可以体现出来，在图形上显示合闸涌流衰减得很快，不到一个周波（20 ms），从 20 ms 到 80 ms 的过程中其 #8 电容器内部元件形成贯穿性击穿，并且速度先慢后快。从 80 ms 以后，#8 电容器其外部熔断器在开

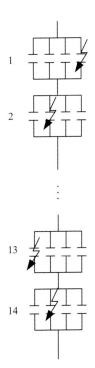

图 8-6-1 电容器击穿示意图

断过程中电弧重燃，同时其并联的 9 台电容器向故障电容器放电与加在故障电容器的电压进行叠加，产生高频电流，此时由于 A 相电压理论上全部加在 #1—#5、#11—#15 电容器上，造成中性点电压漂移，其他两相同样出现不规则的谐波，#8 电容器外部熔断器尾线不能及时与熔丝管脱离，产生较大的电动力造成外部熔断器上部连接板受力并爆炸，其余与之并联的 9 台电容器外部熔断器熔断，能量释放后，波形趋稳，此时桥差保护动作（时间整定 200 ms），从波形上来看在熔断器 120 ms 左右，开关跳闸。由于此次放电造成了 #17 电容器内部元件损坏，经试验测量其电容值超标 42.21%，证实 #17 电容器内部有 4 个并联段被击穿。

8.6.4　预防措施及建议

（1）电容器本身质量是造成本次熔断器群爆的直接原因，一般均为油纸绝缘没有在严格的真空下干燥和浸渍处理，在长期工作电压下，内部残存气泡产生局部放电现象。局部放电进一步导致绝缘损伤与老化，温升随之增加，最终导致内部元件电化学击穿（C 相 #15 电容量测试超标 8.98%）。

（2）外部熔断器尾线不能及时与熔丝管脱离，造成其并联电容器对故障电容器进行高频放电，是造成熔断器群爆的直接原因。

（3）运行单位在验收时应细化设备档案的管理，对电容器的附件及外部熔断器在设备台账、备品备件管理上还需加强。

（4）运行单位红外测温工作还需加强。此次某变电站 #1 电容器群爆是电容器群爆当中比较轻的，有其偶然性。但是从外部熔断器制造工艺来看比较粗糙，于是联系厂家对 3 组电容器组外部熔断器进行了更换。

8.7　66 kV 电容器相间短路故障

8.7.1　故障情况说明

2007 年 7 月 9 日 10 时 53 分，某 220 kV 变电站 20Mvar 电容器组在合闸瞬间发生 29 台电容器损坏，B、C相外熔断器群爆事故。当合上20Mvar电容器组东开关时，电容器3415开关跳闸，过流 I 段延时 0.2 s，继电保护动作。资料显示从电容器组投入起到故障发生后保护发信动作总的时间为 215 ms，现场检查发现，#26、#44、#53 电容器鼓肚、瓷套爆裂，B、C 相 40 台电容器的熔断器全部熔断，B、C 相构架有放电痕迹。继电保护定值见表 8-7-1。

表 8-7-1　继电保护定值

保护定值		保护	投入情况
过流一段	10 A	过流一段	投入
过流二段	3 A	过流二段	投入
过流一段时间	0.2 s	过压保护	投入
过流二段时间	0.4 s	低压保护	投入
过电压定值	110 V	差压保护	未投
低电压定值	40 V	零序电压	未投
过电压定值时间	1.0 s	零序电流	未投
低电压定值时间	5.0 s	过压动作跳闸	投入
零序电压定值	200 V	4U4I 输入方式	投入
零序电流定值	100 A		
零序电压时间	0.2 s		
零序电流时间	0.2 s		
差电压定值	200 V		
差电压时间定值	10 s		
电流系数	0.12		
电压系数	0.66		
无功系数	0.087		

8.7.2　故障检查情况

1. 外观检查情况

经过对 60 台电容器现场进行容量试验和外观检查，发现：

A 相：#2、#5、#9、#14、#20 共 5 台电容器损坏。

B 相：#23、#25、#26、#27、#28、#29、#30、#31、#32、#33、#34、#36、#39、#40 共 14 台电容器损坏。

C 相：#43、#44、#47、#48、#49、#50、#52、#53、#56、#57 共 10 台电容器损坏。共计 29 台电容器电容值超标或损坏。

2. 试验验证情况

试验及检查情况见表 8-7-2。

表 8-7-2 兴安一次变电站 (BAMR20-334-1W 4 并 12 串)

序号	编号	C（额定）/μF	C（实测）/μF	ΔC/%	内部损坏情况	故障现象	损坏数	
A1	78	2.69	2.71	0.74				
A2	117	2.67	2.68	0.37		渗油严重	1	
A3	8.7	2.7	2.72	0.74				
A4	150	2.73	2.75	0.73				
A5	118	2.72	2.98	9.56	1 串元件击穿		1	
A6	80	2.71	2.73	0.74				
A7	96	2.71	2.72	0.37				
A8	90	2.71	2.73	0.74				
A9	67	2.7	2.96	9.63	1 串元件击穿		1	
A10	99	2.68	2.7	0.75				
A11	115	2.7	2.72	0.74				5
A12	84	2.72	2.74	0.74				
A13	35	2.71	2.72	0.37				
A14	1	2.7	2.7	0.00		套管烧痕	1	
A15	8	2.7	2.7	0.00				
A16	43	2.7	2.72	0.74				
A17	143	2.72	2.74	0.74				
A18	144	2.69	2.7	0.37				
A19	100	2.73	2.74	0.37				
A20	69	2.7	3.26	20.74	2 串元件击穿		1	
B21	92	2.71	2.72	0.37				
B22	93	2.69	2.71	0.74				
B23	9	2.71	1	−63.10	短路	彻底损坏	1	14
B24	36	2.69	2.94	9.29				
B25	109	2.71	2.73	0.74		套管烧痕	1	
B26	83	2.74	1	−63.50	短路	彻底损坏	1	

续表

序号	编号	C（额定）/μF	C（实测）/μF	ΔC/%	内部损坏情况	故障现象	损坏数	
B27	76	2.75	2.76	0.36		套管烧痕	1	
B28	23	2.71	3.26	20.30	2 串元件击穿	瓷套放电	1	
B29	50	2.71	4.07	50.18	5 串元件击穿	瓷套放电	1	
B30	26	2.71	2.72	0.37		瓷套放电	1	
B31	61	2.7	1	−62.96	短路	彻底损坏	1	
B32	5	2.69	2.95	9.67	1 串元件击穿		1	
B33	97	2.71	1	−63.10	短路	彻底损坏	1	14
B34	120	2.71	2.73	0.74		渗油严重	1	
B35	139	2.73	2.75	0.73				
B36	116	2.66	1	−62.41	短路	瓷套断裂	1	
B37	147	2.71	2.73	0.74				
B38	102	2.69	2.71	0.74				
B39	127	2.71	2.98	9.96	1 串元件击穿		1	
B40	87	2.74	3.07	12.04	1 串元件击穿	套管烧痕	1	
C41	72	2.7	2.72	0.74				
C42	62	2.7	2.71	0.37				
C43	104	2.7	2.97	10.00	1 串元件击穿		1	
C44	40	2.71	1	−63.10	短路	彻底损坏	1	
C45	11	2.71	2.71	0.00				
C46	108	2.72	2.74	0.74				
C47	106	2.72	2.99	9.93	1 串元件击穿		1	
C48	86	2.68	2.7	0.75		套管烧痕	1	
C49	46	2.69	2.94	9.29	1 串元件击穿		1	
C50	22	2.7	2.95	9.26	1 串元件击穿		1	
C51	101	2.69	2.71	0.74				10
C52	77	2.72	2.73	0.37		套管烧痕	1	
C53	51	2.71	1	−63.10	短路	彻底损坏	1	
C54	64	2.74	2.75	0.36				
C55	148	2.75	2.76	0.36				
C56	66	2.67	2.69	0.75		套管烧痕	1	
C57	121	2.71	2.73	0.74		套管烧痕	1	
C58	91	2.71	2.73	0.74				
C59	122	2.72	2.73	0.37				
C60	6	2.71	2.72	0.37				

8.7.3　故障原因分析

根据招标文件提供的参数，66 kV 系统母线的最高运行电压为 72.5 kV，那么按 DL/T 840—2016 或 GB/T 11024.1—2019 的规定，应按如下方法计算电容器的端电压：

$$U_C = \frac{U_l}{\sqrt{3} \times (1 - K_{SR}) \times N \times K_V} = \frac{72.5}{\sqrt{3} \times (1 - 6\%) \times 2 \times 1.05} \text{ kV} = 21.2 \text{ kV}$$

式中：U_C——单台电容器的额定电压，kV；

$\quad$ U_l——系统的最高运行电压，kV；

$\quad$ K_{SR}——串联电抗的百分率；

$\quad$ N——装置每相电容器的串联数；

$\quad$ K_V——装置允许的连续运行的过电压倍数。

按此计算结果，电容器端电压应取 21 kV，才能较好地满足系统稳定运行的需要，不然电容器组有可能会在超出一定允许的过电压能力下运行而损坏。

根据招标文件提供的参数，电容器组的额定电压为 66 kV，而单台电容器的额定电压为 20 kV，则计算分析如下：

$$U_C = \frac{U_{组}}{\sqrt{3} \times (1 - K_{SR}) \times N} = \frac{66}{\sqrt{3} \times (1 - 6\%) \times 2} \text{ kV} = 20.3 \text{ kV}$$

式中，$U_{组}$为电容器组（装置）的额定线电压，kV。

按此计算结果，电容器端电压应取 20 kV，才能较好地满足装置稳定运行的需要，此值虽与标书要求的单台电容器端电压值一致，但在系统最高运行电压时其过电压倍数已经达到 1.11，所以在适应系统要求的最高运行电压方面存在一定差异。

按协议规定，提供给该站的电容器型号为 BAMR20-334-1W，内部结构为 4 并 12 串，$K=1$ 时的设计电场强度 $E_d=50.5$ kV/mm，当时该取值是由于受订货方在外形尺寸方面的限制，即须按 660 mm × 180 mm（长 × 宽）制造产品。

从损坏现场可以发现，在故障发生后没有外熔断器动作的 A 相经检查有部分电容器内部发生元件绝缘的击穿，B、C 相框架和外绝缘子存在电弧放电现象，B、C 相在各自的两个串联段中都有部分电容器发生了贯穿性击穿，也就是说在电容器组回路的 B、C 相已经形成了贯穿性的短路回路。

从故障保护的时间记录上看，从合闸到形成贯穿性击穿，过电流一段保护启动的时间仅 15 ms，也就是说形成贯穿性击穿故障是在合闸瞬间的冲击下发生的，非金属性完全短路发生并延续 200 ms 后，保护动作切除电容器组。

结合上述故障现象和计算分析情况，可较清晰地勾勒出故障发生的过程。厂家由于受供货时外形尺寸的严格限制，在产品的设计绝缘裕度选取时无法兼顾实际运行的需要，即电容器的设计电场强度只能取 E_d=50.5 kV/mm。当这些电容器挂网运行后，由于电气绝缘裕度不够充分，在一年半的运行中，产品的内绝缘陆续受到损伤。可能在平时的投切运行中，已经陆续出现损坏，但由于装置仅有过电流保护，且其定值一次值达 360 A，在此定值下需要有一台电容器贯穿性击穿或有将近一半的电容器元件损坏，在延时 0.4 s 动作后才会被发现。因此由于过电流二段定值的故障检出灵敏度不够，电容器组实际可能已经在带故障运行状态，即使系统电压不高，但部分损坏电容器及完好电容器串联段都已在较高的过电压下运行，使绝缘进一步受损，最后在某次投切操作的冲击下，绝缘介质崩溃发生贯穿性击穿，引发母线相间短路。在短路形成时，由于过电流二段保护不是速断的，需延时 0.2 s 才会动作，因此系统母线的短路能量继续注入电容器内部，导致箱体鼓胀变形和套管炸裂，同时在间隙电弧和强大的母线短路能量的冲击下，电容器组框架和绝缘子也出现了放电现象，致使外部熔断器发生群爆。

但由于事故发生在合闸的瞬间，目前暂时也不排除由事故前切电容器组时的过电压引发事故的可能性。

通过上述分析，可以初步认为故障的发生是由于产品的绝缘设计裕度受到外形尺寸的限制而不足，运行后由于保护设置和灵敏度的原因而不能早期检出绝缘受损的产品，受损产品的绝缘击穿导致产品在过电压下运行，使原本就裕度不足的绝缘雪上加霜，最终导致产品在合闸冲击的瞬间发生贯穿性击穿形成母线相间短路，外熔断器群爆，部分电容器鼓肚和套管炸裂。因此本次故障的发生存在一定的必然性，是在多个因素共同作用下发生的。

8.7.4　预防措施及建议

在上述事故原因分析的基础上，由厂家重新设计生产 60 台产品进行整组更换，使该站电容器组能尽快恢复运行。从预防事故角度考虑，在这次生产时，可以不受原产品外形尺寸的限制，在充分考虑系统运行条件(系统最高运行电压 72.5 kV)的前提下进行绝缘设计和生产。电容器组的构架由电力公司按变更后的尺寸做相应的变更。

如果条件允许，建议考虑在装置的保护上增加上下串联段的差电压保护措施，提高元件击穿故障发生后的检出灵敏度，防止故障的发生和扩大。

建议减小过电流二段保护的定值和延时时间，按电容器组额定电流的 1.5 倍 /0.2 s 设置过电流二段的保护。同时，把过电流一段的保护时间设置为速断。

建议在装置恢复后，双方配合进行电容器组分合闸的录波试验，以防止由于分电容器组时的重燃过电压损伤绝缘而引发事故。

8.8　66 kV 电容器组内电抗器烧毁故障

8.8.1　故障情况说明

1. 故障前运行方式

66 kV #2 电容器组正常运行于 66 kV 南母线。故障前，某变电站 220 kV 及 66 kV 系统为正常运行方式，#2 电容器组 9060 断路器在分位、9060 南母线刀闸在合位。后台显示 22:06，AVC 分闸 #2 电容器组断路器（当时 #2 电容器相电流为 255A）。

2. 故障过程描述

2013 年 8 月 24 日 23 时 30 分左右，某供电公司运维 4 班运行人员在主控楼走廊发现 66 kV #2 电容器组着火。立即到现场检查，发现 66 kV #2 电容器开关 9060 在开位，南母线刀闸在合位，#2 电容器组内 A 相串联电抗器着火。

2013 年 8 月 25 日 00 时 40 分，组织抢险工作。00 时 50 分拉开 #2 电容器 9060 南母线刀闸，在 #2 电容器电流互感器至电容器组间装设接地线、布置安全措施。2 时 15 分，66 kV#2 电容器组内 A 相串联电抗器火情被彻底扑灭。

3. 故障设备基本情况

烧损电抗器为丹东欣泰 2009 年 8 月产 CKK-640/66-6 型户外干式空心电抗器。电容器组主要参数如下：

电容器参数：

型号	BAM21-334-1W	生产厂家	上海库柏
电容器容量	32064 kvar	额定电压	21 kV
单台容量	334 kvar	台数	96 台
保护类型	单星桥差电流	生产日期	2008 年 10 月

电抗器参数：

型号	CKK-640/66-6%	生产厂家	丹东欣泰
额定容量	640 kvar	额定电压	66 kV
额定电抗率	6%	额定电流	254A
额定电抗	9.92 Ω	绝缘等级	B 级（对应耐热温度 130℃）
生产日期	2009 年 8 月（此为 2010 年 3 月更换后的设备出厂时间）		

差流互感器参数：

型号	LD5-66W3	生产厂家	牡丹江第一互感器厂
变比	2 × 50/5	出厂日期	2007-11

8.8.2　故障检查情况

现场检查 #2 电容器内 A 相电抗器支持瓷瓶处有烧蚀、熏黑痕迹，电抗器上端内侧烧熔，电抗器层间绝缘撑条存在不同程度的松落，支持瓷瓶表面有黏性液体滴落痕迹，B、C 相电抗器层间绝缘撑条也存在不同程度的松落，支持瓷瓶表面也有黏性液体滴落痕迹。

8.8.3　故障原因分析

变电站 #2 电容器组串联空心电抗器着火烧损后，某供电公司组织生产人员对现场进行了隔离处理，对相关设备及南母线谐波进行了测试，无异常。

经过事故分析，认为 #2 电容器组串联电抗器由于原材料质量或制造工艺不过关，导致设备在运行之中长期过热，最后达到绝缘材料的燃点而着火烧损。

8.8.4　预防措施及建议

一方面对于现场运行的产品，针对故障发生的原因，制定详细的检查、维护、保养、防护方案，消除不利因素影响。

另一方面，通过对事故产品的认真分析和研究，仔细总结产品的事故特点，抓住原因，进而从产品设计、包封固化工艺、附件装置的改进等方面进行针对性的改进，进一步提高设计裕度，提高制造工艺，以应对当地的运行环境条件，提升产品的可靠性。

8.9　66 kV 电抗器烧损故障

8.9.1　故障情况说明

1. 故障前运行方式

2009 年 10 月 9 日之前东母线电压：最高为 66.22 kV；最低为 63.23 kV。

#1 主变负荷：最高为 32.08 MV·A；最低为 11.45 MV·A。

#1 主变分解开关位置：3。

2009 年 10 月 9 日望盖甲乙线带盖州 220 kV 变电站负荷后东母线电压：

10 月 15 日最高为 70.32 kV；最低为 67.42 kV。

#1 主变负荷：最高为 72.34MV·A；最低为 27.86 MV·A。

#1 主变分解开关位置：5。

#1 电容器减容运行，实际运行容量为 16000 kvar。

2. 故障过程描述

2009 年 10 月 15 日 14 时 03 分集控中心工作人员在保护室巡视保护装置，突然发现保护室外 66 kV 场区电容器内冒烟、起火，当即命令集控中心值班人员于 14 时 06 分拉开运行中的 #1 电容器开关，同时汇报营调，通知范家操作队，并汇报某供电分公司相关领导。同时组织部分运行人员进行灭火，生技科联系 119，另一部分人员联系调度拉开 #1 电容器东母刀闸、乙刀闸，做好安全措施，消防队抵达后火被扑灭。

3. 故障设备基本情况

#1 电容器 C 相电抗器设备参数如下。

型号：CKK-400/66；额定电压：66 kV；额定容量：400 kV·A；额定端电压：2286 V；额定电流：175 A；额定电抗：13.06 Ω；出厂日期：1999 年 7 月；制造厂：丹东电抗器厂；质量：920 kg；出厂编号：108，A 相 009，B 相 010。

投运日期：2000 年 6 月 29 日正式投运。

8.9.2　故障检查情况

经现场查看，起火部位在电抗器中部外数第二绕组，造成相邻的同一位置附近外数第一、第三绕组烧损，第四、第五绕组上端部位烧损，失去修复价值。电抗器损坏情况如图 8-9-1 所示。

图 8-9-1　电抗器损坏情况

8.9.3　故障原因分析

（1）内表面涂漆层或 RTV 涂层粉化、起皮或脱落，造成内表面开裂受潮，导致局部电场分布不均匀，从而发生爬电和匝绝缘击穿，另外一台的内表面就出现表面涂层粉化、脱落情况如图 8-9-2、图 8-9-3 所示。

（2）内部各层的气道存在堵塞不通畅情况，有木块、瓶盖等异物存在，这些异物的存在可能引起内部过热等情况，造成线间绝缘丧失，匝间短路。

以上两种情况都会引起匝间绝缘丧失，造成匝间短路。匝间短路后，磁通通过短路线圈，在短路线圈内产生巨大的环流，很快达到铝熔化的温度，从而造成线圈起火燃烧。

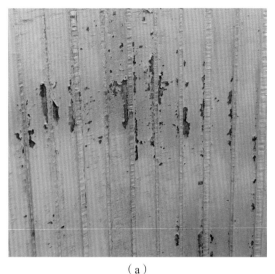 

（a）　　　　　　　　　　　　　　　　　　　（b）

图 8-9-2　粉化、起皮并出现涂层脱落情况

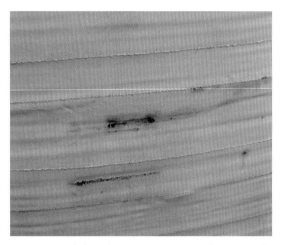

图 8-9-3　黑色部分有可能是进水受潮发霉或放电引起

8.9.4　预防措施及建议

（1）运行人员加强巡视，尤其是对电抗器的红外测温。运行人员进行红外测温时，不仅要对电抗器的接点进行测温，还要对电抗器本体进行认真测温。

干式电抗器运行中会因电流流过和漏磁作用产生热量。一般情况下，由于热空气沿气道对流循环向上，使得电抗器外包封绝缘温度由下向上逐渐升高，在电抗器表面不均匀分布，但在同一圆周上的温度应一致，无局部发热现象。对电抗器在正常情况下的温度分布进行红外测温，并留取基础图谱，以后根据电抗器的运行情况，特别是在夏季高温情况下和电抗器带满负荷运行时间较长时，将测量图谱与基础图谱进行对比分析，观察外包封表面温度分布是否出现异常变化，特别是局部的温度变化。

（2）在雨后或空气相对湿度较大的情况下，由试验所对运行的电抗器进行紫外电晕测试，重点检查电抗器的外表面是否有表面爬电或电晕放电现象。

（3）运行中应注意监测电抗器的噪声情况，可以定期在一定距离处检测噪声的变化情况。如果运行中电抗器噪声大（正常运行中干抗噪声不大于 55 dB，且无异常杂声），有异常杂声及振动，在排除电抗器的安装存在不平或基座不稳的情况后，要考虑电抗器内部可能发生层间短路对线圈的内部磁场造成影响，从而发出异常噪声的可能。

（4）对于停电状况下的电抗器，运行人员应进行近距离全面外观检查，检查的内容主要包括以下方面。

a. 外表面是否存在环氧层开裂，憎水绝缘材料涂层是否有粉化、起皮或脱落及环氧树脂液渗出现象，如图 8-9-4 所示。对运行超过 5 年的电抗器要重新喷表面防水绝缘涂料，如发现包封表面有放电痕迹或油漆脱落，以及流（滴）胶、裂纹现象，要及时处理。

 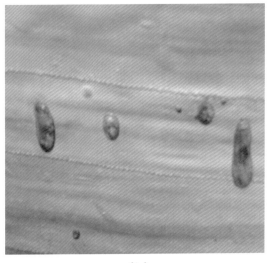

（a）　　　　　　　　　　　　　　　（b）

图 8-9-4　在两台电抗器的表面都出现树脂液融化渗出

b. 检查外包封表面是否有颜色改变、爬电和表面色泽局部不一致的异常现象。表面开裂受潮很容易导致局部电场分布不均匀，从而发生爬电和匝绝缘击穿。同时内层受潮发霉和内层爬电也会导致局部色泽变化。

c. 清除内部各层气道中的木块、瓶盖等异物，保持气道畅通无障碍；检查是否有内部过热和熏烤的痕迹等。

d. 结合停电对电抗器绕组进行直流电阻测试，三相比差超过 2% 或与初始值相差 2% 时应引起注意。

8.10　66 kV 电抗器匝间短路故障

8.10.1　故障情况说明

1. 故障前运行方式

某 220 kV 变电站共有两组 220 kV 主变压器，容量均为 180 MV·A。有 4 个 66 kV 电容器组，容量均为 20 MV·A。

由于变电站主要给电熔镁企业供电，一般在晚上投入运行，早上退出运行，发现故障时，系统已退出运行方式，变电站无操作，运行记录正常，由于未达到电抗器保护定值，开关未动作。

2. 故障过程描述

2015 年 8 月 4 日 14 时，运维班人员在某 220 kV 变电站进行震后特巡工作时，发现 66 kV #2 电容器组 B 相电抗器外部焦黑，如图 8-10-1 所示，在基础台上有熔化后的一摊金属，如图 8-10-2 所示。

3. 故障设备基本情况

该整套电容器组厂家为新东北电气（锦州）电力电容器有限公司，型号为 BB66-20016/417-AQW，配套电抗器为丹东长兴电器有限公司生产的 CKGKL-333.4/66-5% 型干式空心电抗器，单相容量为 333.4 kvar，2012 年 11 月出厂，2013 年 6 月投入运行。

图 8-10-1　电抗器外部焦黑

图 8-10-2　熔化后金属

8.10.2　故障检查情况

现场检查发现 B 相电抗器在第 1~3 包封之间绝缘表面碳化较明显，如图 8-10-3 和图 8-10-4 所示；未烧损处绝缘包封布袋开裂，如图 8-10-5 所示；电抗器风道内部比较通畅，未见障碍物，如图 8-10-6 所示。

该电容器组为 2009 年结合某 220 kV 变电站增容改造工程（基建工程）新增电容器组。本电容器组的电容器及电抗器由省公司分别独立招标采购，并于 2009 年 2 月 26 日投入运行。

2009 年 7 月 10 日 8 时 48 分，66 kV #2 电容器组内 C 相电抗器本体着火，当时分析原因认为是事故前下雨，致使电抗器受潮，匝间绝缘降低发热，直至烧损。

2010 年 3 月厂家免费对 3 相电抗器进行了更换，重新投入运行。2013 年 8 月 24 日，A 相串联电抗器本体又着火。着火时，#2 电容器组已处于停运状态，无任何保护动作信息。该电抗器在正常情况下根据系统与 AVC（自动电压无功控制装置）要求每日随电容器组自行投切 3~4 次，每次投入时电流在 250 A 左右，正常时该电抗器红外线测温在 60~100℃。曾经在 2011 年 9 月 22 日测温，显示温度为 102℃，当时电流为 258 A，环境温度为 32℃。该次测温三相电抗器线圈温度都在 100℃左右，相差不大。2013 年 8 月 5 日为该电抗器故障前最后一次测温，最高温度为 93℃，电流为 255 A，环境温度为 30℃。故障前最后一次检修日期为 2010 年 3 月 22 日（更换新电抗器日期），高压电抗器试验周期为 3~6 年，所以截至故障前尚未进行定期试验。

图 8-10-3　绝缘表面碳化（一）

图 8-10-4　绝缘表面碳化（二）

图 8-10-5　包封布袋开裂

图 8-10-6　风道内部通畅

8.10.3　故障原因分析

经过现场检查，分析该电抗器故障是由于匝间短路造成的，其可能原因为：

（1）电抗器导线在加工过程中含有杂质或是断点处焊接不好，导致此段铝线电阻值较高，引起电抗器电流分布不均匀，运行中导线发生过热，局部温度升高，周围绝缘老化，从而发生匝间短路，最终引发其他薄弱点发生匝间短路，形成贯穿性闪络。

（2）该相电抗器在高温固化过程中，由于温度变化过快，受热胀冷缩的影响，导致绝缘材料某一处形成峰窝状小孔，长期受雨水、潮气的影响，使铝导线绝缘膜水解，形成匝间短路。

最终结论：由于产品质量问题，B 相电抗器出现烧损。

8.10.4　预防措施及建议

（1）厂家应进一步加强对电抗器所选导线以及绕包、导线浸漆、固化等材料质量和生产工艺的控制。

（2）在施工安装过程中严格检查通风道，防止有异物进入风道或粘在表面上。

（3）在运行过程中，巡视人员应加强红外测温并应检查是否有鸟在电抗器上部搭窝。

（4）在停电检修时，应加强对通风道的检查。

8.11　66 kV 电容器熔丝群爆故障

8.11.1　故障情况说明

1. 故障前运行方式

（1）220 kV 接线方式双母四分段（Ⅰ—Ⅲ、Ⅱ—Ⅳ分段刀闸均在合位）：金马甲线、#1 主变运行在Ⅰ母线；金马乙线、#2 主变运行在Ⅱ母线；#1、#2 主变代东北特钢专线负荷；马宏甲运行在Ⅲ母线；#4 主变、马宏乙线运行在Ⅳ母线。

（2）66 kV 接线方式双母三分段，#4 主二次代 66 kV 全部负荷（当日 #3 主变停电）。母联开关在合位，分段备自投退出。

（3）#1、#2 主变中性点间隙接地，#4 主变中性点直接接地。#1、#2 消弧线圈在手动挡运行，

#4 消弧线圈在自动位置运行。#3 主变及消弧线圈停电。

（4）66 kV#1、#2 电容器运行在 66 kV Ⅰ、Ⅱ 母线，两侧刀闸在合位，由大调 SAVC（智能电压无功控制）控制开关投切。

2. 故障过程描述

2014 年 9 月 24 日 8 时 55 分检修工作终结，9 时 28 分 #1 电容器恢复原运行方式（两侧刀闸在合位），2014 年 9 月 24 日 9 时 33 分 52 秒 66 kV #1 电容器过流 Ⅰ 段保护动作，开关跳闸。

3. 故障设备基本情况

电容器型号：BAM14A10.5-334-1W；差流电流互感器型号：LB5-66W3；避雷器型号：HY5WR-96/232 800 A；电容组总容量 32064 kvar，单台容量 334 kvar。投运日期 2009 年 8 月 17 日，出厂日期 2008 年 10 月 1 日。生产厂家：新东北（锦容）电力电容器有限公司。

8.11.2 故障检查情况

现场检查开关在开位，发现：#1 电容器组的差流电流互感器 B、C 相避雷器爆炸，各相有多台电容器熔丝熔断，B 相 #9、#15 电容器鼓肚变形；B 相 #1、#9 电容器与构架有放电痕迹。

熔断的熔丝：

A 相：#1、#7、#8，共 3 台；

B 相：#1 至 #28，共 28 台；

C 相：#1 至 #8、#13 至 #24，共 20 台。

共 51 台电容器熔丝熔断。

检查开关变位记录可知，#1 电容器开关应在 9 时 30 分自动合闸，9 时 33 分 52 秒保护动作跳闸。故障电流为 2500 A。具体情况如图 8-11-1~ 图 8-11-7 所示。

图 8-11-1　熔丝熔断（C 相）

图 8-11-2　熔丝熔断（局部）

图 8-11-3　B、C 相差流 CT 避雷器（过压保护）
爆炸破碎（近处 A 相完好）

图 8-11-4　B 相差流 CT 避雷器爆炸破碎

图 8-11-5　B 相 #1 电容器放电

图 8-11-6　电容器鼓肚变形

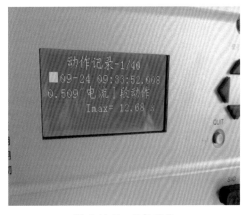

图 8-11-7　保护显示

8.11.3 故障原因分析

1. 事故可能原因

（1）怀疑更换熔丝性能不良。本次更换熔丝与原厂配套熔丝为同一厂家、同一型号产品，且此前对佟家站电容器同样进行更换熔丝作业，未发生此类问题；但故障发生在更换后，因此并不确定熔丝性能作为怀疑对象。

（2）单台电容器性能不良。从现场照片和故障录波分析，故障起始相别为 B 相，外观 B 相 #1 电容器放电最为严重，且 B 相两台电容器有鼓肚现象，因此故障原因的另一怀疑点为 B 相个别电容器性能不良，引起整组熔丝群爆。

2. 厂家出具的原因分析

（1）电容器、电流互感器、绝缘子等电气元件瓷套污秽严重，可能在运行过程中出现瓷套闪络，导致电容器极对壳绝缘击穿。

（2）电容器单元内部元件损坏，导致外部熔断器动作。

（3）由于现场污秽严重，造成外熔断器不能可靠动作，产生二次重燃，因此产生外熔断器群爆。

综上所述，本案例中电容器熔丝群爆原因为，环境污秽程度较重，造成外熔丝组件中弹簧性能下降，在 B 相 #1 电容器发生内部故障时，单台熔丝熔体熔断后断口未及时脱离造成重燃，从而引起整组电容器发生熔丝群爆故障。

8.11.4 预防措施及建议

（1）加强电容器组外熔丝的运维管理，对于重污秽等级地区的电容器组外熔丝定期进行清扫，尤其是其中的弹簧组件，应保证其工作性能。

（2）更换电容器外熔丝，采用原厂、同型号配件，确保质量，并且对外熔丝组件进行整体更换（含熔丝、熔管及弹簧等），保证更换后性能一致。

（3）加强电容器的定期试验工作，及时发现问题电容器，从根源上避免事故发生。

第 9 章　二次故障案例汇编

9.1　380 V 低压电缆与控制电缆敷设不合理故障

9.1.1　故障情况说明

1. 故障前运行方式

（1）220 kV 系统为双母线并列运行方式：渤环 #1 线、热环 #1 线、三主一次在 Ⅰ 母线运行，渤环 #2 线、热环 #2 线、环滨线、二主一次在 Ⅱ 母线运行，220 kV 母联开关在合位。

（2）66 kV 系统为三段母线分列运行方式：#2 主变带 Ⅰ、Ⅱ 段母线，二主二次、#1 电容器、五教甲线、五滨乙线、五四甲线在 Ⅱ 母线运行；#3 主变带 Ⅲ 段母线，三主二次、五滨甲线（五环变侧热备用）、五四乙线、五教乙线、#1 站用变、#2 电容器在 Ⅲ 母线运行；66 kV Ⅱ 号母联开关在分位，母联备自投运行中。

（3）#2 站用变热备用，接于五滨甲线。

2. 故障过程描述

（1）2013 年 9 月 26 日 11 时 01 分，某 220 kV 变电站 #3 主变差动保护动作跳闸，66 kV 母联备自投保护动作，66 kV Ⅱ 号母联开关合闸，带出 66 kV Ⅲ 段母线负荷，负荷无损失。

（2）66 kV 五滨甲线过流 Ⅰ、Ⅱ 段及距离 Ⅱ 段保护动作，11 时 01 分 39 秒 334 毫秒开关分闸，11 时 01 分 41 秒 484 毫秒重合闸动作，重合良好。现场检查一次设备无问题，故障测距 13.9 km（线路全长 11.43 km），故障相别 A、B 相，电流 7200 A。

（3）当时天气良好，晴，无风，气温 20℃，现场无作业。

3. 故障设备基本情况

（1）#3 主变为山东电力修造厂 2008 年 1 月生产的 SF10-240000/220 型变压器；三主一次间隔为河南平高 2008 年生产的 ZF11-252(L) 型组合电器；三主二次间隔为山东泰开 2008 年生产的 ZF10-126/T 型组合电器；主变保护为许继电气 WBH-801A 型保护装置。

（2）#2 站用变为营口电力设备制造厂 2008 年 3 月生产的 S9-630/69 型变压器，2008 年 11 月 14 日投运。

（3）损坏的 380V 低压电缆型号为 VV22-3×185+1×95，沈阳全利达电缆制作有限公司生产，2008 年投运。该电缆 2011 年进行过绝缘测试，未发现异常。

9.1.2　故障检查情况

1. 外观检查

检查发现该变电站 #2 站用变三相熔断器全部熔断、跌落，构架有放电痕迹，如图 9-1-1 所示。

2. 试验验证

（1）对 #3 主变进行油色谱、绕组变形试验，均未发现异常。

（2）对 #3 主变高、低压侧组合电器进行 SF_6 分解物及微水测试，未见异常。

图 9-1-1　#2 站用变低压侧熔断器情况图

（3）通过对主变保护装置及 66 kV 录波器报告进行分析可知，主变高、低压侧均无故障电流，保护装置低压侧二次差动绕组有干扰电流。

（4）二次电缆绝缘测试，发现 #3 主变 Ⅰ、Ⅱ 号保护屏差动保护的低压侧电流电缆相间及对地绝缘为零，有接地现象。

（5）进行故障电缆查找时发现，#2 站用变 380V 低压电力电缆绝缘击穿损坏，并波及附近 8 根控制电缆受损，如图 9-1-2 所示。分别是：#3 主变 3 根，2 根为低压侧差动电流回路控缆，1 根为刀闸位置控缆；#2 主变 3 根，2 根为低压侧差动电流回路控缆（只损坏外皮），1 根为刀闸位置控缆；母联电流回路 1 根控缆（只损坏外皮）；#1 站用变非电量瓦斯继电器保护回路 1 根控缆。

烧损的低压电缆及 8 根控缆

图 9-1-2　电缆烧损

9.1.3　故障原因分析

（1）对 #2 站用变 380V 低压电缆进行检查，分析认为电缆弯曲处内部绝缘受损，运行一段时期后，致使绝缘进一步劣化，最终导致瞬间绝缘击穿。

（2）按照反措要求，电力电缆与控制电缆应分层布置，并有一定间距。本站电缆虽然采取了分层布置，但电力电缆弯曲处紧挨控制电缆，同时未采取防火隔离措施，最终导致事故扩大。

9.1.4　预防措施及建议

（1）排查低压电力电缆的施工工艺是否满足要求，同时安排轮换停电测试站变电力电缆绝缘。

（2）针对电力电缆与控制电缆紧邻的情况，按照反措要求立即涂刷防火涂料。

（3）按照 DL/T 5155—2016《220 kV~1000 kV 变电站站用电设计技术规程》6.3.10 条规定："当发生短路故障时，各级保护电器应满足选择性动作的要求"。因此建议今后基建新上变电站站用变低压侧出口采取"刀闸＋熔断器"的保护方式，以保护低压侧全回路。

9.2 电压互感器二次接线错误导致单相接地故障

9.2.1 故障情况说明

1. 故障前运行方式

某 66 kV 变电站 #1 主变主一次、主二次运行，主三次开关断开，3.3 kV 系统更换电压互感器。

2. 故障过程描述

2010 年 8 月 8 日，某 66 kV 变电站 3.3 kV 系统更换电压互感器，采用带有消谐电压互感器的接线方式，如图 9-2-1 所示。下午 2 时，当开关工作人员二次接线完成后，保护自动化工

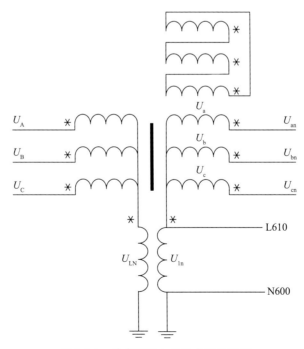

图 9-2-1 带有消谐电压互感器接线图

作人员到现场核对二次接线。核对接线正确后，汇报运行人员，具备投运条件，可以送电。运行人员汇报调度后，开始恢复 3.3 kV 系统送电。该变电站合上 #1 主三次开关后，3.3 kV 系统三相电压显示正确，保护自动化工作人员在电度表屏定相正确。

随后运行人员恢复 3.3 kV 系统负荷送电工作，当总机厂线送电后，发现 3.3 kV 系统 C 相接地，仪表显示正确。保护自动化工作人员在测量消谐电压互感器二次电压时发现 L610 与 N600 间电压为 0.3 V，马上通知运行人员停运 3.3 kV 电压互感器，而此时运行人员也发现高压室有异味及 3.3 kV 电压互感器柜有烟冒出，立刻拉开总机厂线开关、#1 主三次开关。在做好安全措施后，将 3.3 kV 电压互感器柜后间隔门打开，检查发现消谐电压互感器的二次接线烧损严重，随后上报主管部门。

3. 故障设备基本情况

3.3 kV 电压互感器型号为 JDZX-10-10R，由大连北方互感器厂生产，出厂日期为 2002 年 11 月 1 日，投运日期为 2009 年 7 月 7 日。

9.2.2　故障原因分析

电压互感器二次严禁短路，而该变电站 3.3 kV 消谐电压互感器损坏的原因正是由于二次存在两点接地造成的。事后检查发现，冠山变 3.3 kV 电压互感器二次存在两个接地点，而且是 L610、N600 分别接地，形成了消谐电压互感器二次短路，由于总机厂线线路单相接地未消除，造成了 3.3 kV 系统单相接地，产生了零序电压，因此零序电压加在消谐电压互感器二次绕组上，短路电流过大，烧损了消谐电压互感器。

9.2.3　预防措施及建议

（1）加强对电压回路异常信号的巡视，发现问题及时处理。

（2）对电压互感器二次回路做重点检查，10 kV 电压互感器开口三角电压为 0 的，要检查是否存在两点接地。对于近期更换带消谐电压互感器的，也要检查二次接线的正确性。

（3）制定电压互感器二次回路验收规范，对电压互感器二次接地严格按反措要求落实。对于特殊的电压互感器，要弄清楚工作原理后才能接线。

9.3 光纤故障

9.3.1 故障情况说明

某 220 kV 变电站 2010 年底投运，在 2013 年设备运行过程中，曾发生过多个设备间隔的合并单元告警、远端模块告警、光纤异常告警。经测试发现一、二次设备良好，但光纤传输衰耗过大，故障状态下电平强度低于 200 dB，而正常状态时，电平强度高于 1000 dB，如图 9-3-1、图 9-3-2 所示。

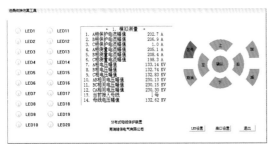

图 9-3-1　合并单元模拟量显示图

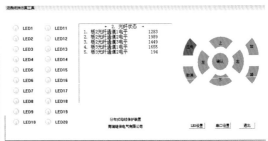

图 9-3-2　合并单元光电平强度显示图

9.3.2 故障原因分析

经现场检查分析，确定为电子式互感器远端模块至合并单元间光纤接触不良。由于变电站施工时采用光纤集中压接方式，因而此种方式的光纤运行一段时间后会出现接触不良现象（压接光纤头不适合在低温情况下长期运行），光纤内传输电平偏低。现场将故障光纤头剪掉，熔接带预制光纤头的光纤跳线，异常告警消失，电平数据恢复。

9.3.3 预防措施及建议

采用光纤熔接方式可有效解决此问题。如图 9-3-3 所示为采用压接方式的尾纤，如图 9-3-4

所示为采用熔接方式的尾纤。

压接方式尾纤：现场人员将尾纤现场剥开，将尾纤穿入尾纤头中，用专工的压线钳压好，把光纤头打磨好。由图 9-3-3 可见：

A. 明显的压线钳压过的痕迹。

B. 光纤帽和新尾纤的不一样，新尾纤的是透明的，压接的是黑色的。

C. 光纤头白色有点发灰。

熔接方式尾纤：将新的尾纤剪断直接熔在原尾纤中。由图 9-3-4 可见：

A. 无压线钳压过的痕迹。

B. 光纤帽是透明的。

C. 光纤头为纯白色。

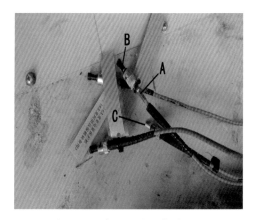
图 9-3-3　采用压接方式的尾纤

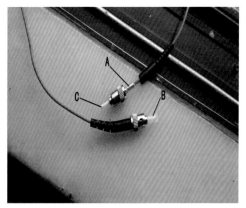
图 9-3-4　采用熔接方式的尾纤

9.4 外力破坏二次电缆故障

9.4.1 故障情况说明

1. 故障前运行方式

（1）#1 主二次供 Ⅰ、Ⅲ 母线（6130 开关合位）送凌万线、#1 所用变、#3 电容器、#5 电容器、钢 4 线、预留 #7 线（钢 1 线和钢 3 线）；

（2）#2 主变停电中；

（3）#3 主二次供 Ⅱ、Ⅳ 母线（6240 开关在合位）送预留 #6 线、钢 5 线、#4 电容器、#1 电容器、#2 电容器、凌红线、凌叶线；

（4）66 kV 母联 6340 开关在分位，备自投投入中。

2. 故障过程描述

2013 年 10 月 12 日 9 时 06 分 16 秒，某 220 kV 变电站 #1 主变有载调压重瓦斯继电器保护动作，跳开 #1 主变主一次、主二次，9 时 06 分 22 秒，母联备自投装置动作，合上 66 kV 母联 6340 开关，#1 主变负荷 89 MW 由 #3 主变带出，此时 #3 主变所带负荷为 238 MW，负荷无损失。

9 时 06 分，调度监控员发现系统跳闸信息，立即汇报公司安质部、运检部和公司领导，安排现场运维班人员加强设备测温和负荷监控。

10 时 30 分，公司相关主管领导与一二次班组人员到达现场，组织对 #1 主变本体进行全面检查，未发现异常，开始对二次回路进行检查。

11 时 20 分，二次人员通过在 #1 主变端子箱对电缆进行测试发现有载调压重瓦斯继电器电缆、风冷控制箱电缆有短路、有开路，立即安排人员掀开所有电缆沟盖板，沿电缆走向查找故障点。

11 时 42 分，查找到 #2 主变主二次间隔附近时发现 3 根电缆（其中两根运行电缆，1 根闲置废弃电缆）被弄断，现场管理人员立即向土建施工负责人询问，经土建施工负责人询问施工人员后得知在支主二次 GIS 基础和母线构支架基础模具时，有外露电缆妨碍施工，施工人员误认为是废弃电缆，在没有请示现场负责人的情况下私自弄断电缆。

11 时 49 分，运检部、安质部及调度向上级对口管理部门进行了汇报。公司运检部立即安排继电保护人员进行更换电缆施工，尽快恢复 #1 主变送电。

22 时 35 分，现场抢修作业结束，#1 主变恢复送电，23 时 45 分 66 kV 系统恢复正常方式。

9.4.2　故障原因分析

（1）土建施工人员误以为外露的运行中电缆为废弃电缆（见图 9-4-1），为方便施工，私自做主将电缆弄断，是本次事件的直接原因。这暴露出了该施工作业人员安全意识淡薄。

（a） （b）

图 9-4-1 电缆断点图

（2）运行单位在工作票安全技术交底不细，对在邻近运行电缆沟区域施工注意事项交代不清、不细，只对带电部位、安全距离及一些防止机械伤害等进行详细交待，未对施工过程中遇有二次电缆时的安全注意事项进行交底，检修试验工区二次专业运维管理不到位，对外露电缆没有及时进行处理，只是想等 #2 主变电缆更换时一并处理，安全意识不强，是本次事件的主要原因。

（3）该建设公司作为工程总承包单位对土建分包单位管理不到位，安全培训教育不实，是本次事件的次要原因。

（4）现场监理人员未及时发现施工现场不安全行为，到岗不到位。

（5）工程管理部门运检部在组织施工过程中管理不到位，对施工现场的危险点分析与控制不到位。

（6）安质部对入网作业队伍培训不到位，作业现场安全监察不到位。

9.4.3 预防措施及建议

加强对入网作业队伍的安全培训和考核，提高施工人员的安全意识和安全技能；加强对施工现场的安全监察，发现违章及时处罚，并在每月的入网队伍专题安全分析会上进行通报；加强施工现场的隐患排查工作，并追踪整改情况。

9.5 微机监控设备故障

9.5.1 故障情况说明

1. 故障过程描述

某 220 kV 变电站微机监控系统于 2009 年 7 月 14 日、8 月 9 日两次出现异常，表现为在保护装置无人操作情况下微机监控系统自动更改保护定值区，严重影响了该变电站的安全稳定运行。

2. 故障设备基本情况

该变电站微机监控系统于 2007 年 12 月投入运行，装置型号为 CBZ8000，生产厂家为辽宁许继电气有限公司。2008 年 12 月，为配合该地区东部集控中心建设，接入集控中心 OPEN3000 系统，运行至 2009 年 7 月 13 日未出现异常。

9.5.2 故障检测情况

2009 年 7 月 14 日，在现场未出现任何异常情况下，现场发事故总信号动作信息，运行人员在核对现场无异常现象后，对事故总信号进行复归操作。操作指令发出 24 s 后，该变电站现场 #1 所用变开关跳闸，信息显示为低压保护动作。运行一工区操作队人员立即赶到现场进行检查，确认 #1 所用变本体无异常，当检查 #1 所用变微机保护装置时，发现保护定值区处于"7区"，而所用变运行定值区应为"1 区"。运行人员立即通知相关专业单位及上级管理部门，继电人员到现场检查发现 66 kV 母联保护装置定值由"1 区"误调至"6 区"，66 kV#1 电容器保护装置定值由"1 区"误调至"7 区"。

9.5.3 故障原因分析

2009 年 7 月 17 日，公司专业人员与许继公司技术人员进行现场检查，发现监控系统 RTU

复归配置文件出现严重错误，为装置投运时厂家调试人员错误配置压板和定值区切换遥控信号，造成主站做总复归时保护定值区误调、软压板误投现象。鉴于此种情况，厂家技术人员在现场监控系统屏蔽了复归配置文件中的内容。由于现场在做进一步处理，将涉及在运行监控系统上边修改程序边试验的问题，不能完全保障系统安全稳定运行，厂家技术人员提出待许继公司制定出安全可行的调试检验方法后，再做进一步检查处理。

2009 年 8 月 9 日该变电站保护装置再次出现异常，在未对当地监控系统进行任何操作的情况下，220 kV 北弓线第二套纵联保护及 220 kV 弓耿线第一套纵联保护的各 CPU 定值区再次发生误切换现象，由于调度、运行人员处理快速、得当，及时避免了一起 220 kV 主系统保护装置误动事故。

9.5.4　预防措施及建议

（1）保护、自动化专业人员将保护装置与微机监控系统连接通信线断开，确保监控系统不再对保护装置进行错误操作。

（2）在该站软报文信息不能上传的情况下，该站值班方式由无人值班改为少人值班方式，直至监控系统缺陷消除为止。

（3）在进行设备定期巡视过程中，将保护装置定值区检查列入巡视项目。

9.6　蓄电池故障

9.6.1　故障情况说明

1. 故障前运行方式

1）220 kV 系统

某 220 kV 变电站共有 4 条 220 kV 母线，Ⅰ、Ⅱ段母线为敞开式设备，东本线、#1 主变在Ⅰ母线运行；徐东 1 线、#2 主变在Ⅱ母线运行；#1 母联开关在合位；徐东 2 线、#3 主变在

Ⅲ母运行；徐东 3 线、#4 主变在Ⅳ母运行；#2 母联开关在合位。

Ⅰ、Ⅲ段母线分段开关合，并列运行；Ⅱ、Ⅳ段母线分段开关合，并列运行；每条母线均配置一台 220 kV 电压互感器。

2）66 kV 系统

66 kV 水泥线、#1 主变在 66 kV 东母线运行；#2 主变在 66 kV 西母线运行；66 kV #1 母联开关在合位，东西母线并列运行。

3）站用交直流系统

该变电站共有站用变 2 台，容量均为 630 kV·A。#1 站用变挂接在彩矿 1 线（到彩屯煤矿变电站）上，正常运行时由本侧送电运行；#2 站用变挂接在工源 2 线（到本溪变）上，正常运行时由对侧送电；母线联络刀闸在分位，两台站用变分列运行。

站内共有两套直流系统，有两组阀控密封式铅酸蓄电池，两套直流分列运行，互为备用。接线图如图 9-6-1 所示。

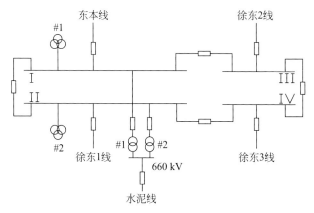

图 9-6-1 系统接线图

2. 故障过程描述

2014 年 7 月 17 日 2 时 12 分 08 秒，当时该变电站现场无作业，无操作，该地区出现了强对流天气，发生强雷暴并伴有强降雨。该变电站 66 kV 水泥线三相绝缘子雷击闪络，造成 66 kV 水泥线开关跳闸，同时 220 kV 徐东 1 线、徐东 2 线、徐东 3 线开关相继跳闸。但是 220 kV 徐东 1 线、徐东 2 线为第二套保护动作，第一套保护未启动，徐东 3 线为第一套保护动作，第二套保护未启动，而徐东 1、2 线的第一套保护和徐东 3 线的第二套保护均用直流系统的 #1 直流馈出屏，说明 #1 直流馈出系统存在问题。

7 月 17 日 2 时 15 分，调度监控人员通知运维班该变电站后台无上传信息。变电站运维班当值人员立即进行现场检查，发现控制室后台机无遥测、遥信信息，办公用内网电脑失电，初步判定为站用交流电源失去，立即前往交流室，发现交流室 #1 站用变二次侧（380V）总断路器跳闸，运维人员检查无问题后立即进行了送电。

2 时 38 分，调度监控人员通知该变电站 220 kV 徐东 1、2、3 线及 66 kV 水泥线开关跳闸，运维班人员立即对一次设备和保护装置动作情况进行了现场检查。检查发现 220 kV 徐东 1、2、3 线，66 kV 水泥线开关在分位，设备本身无问题。保护装置动作情况见表 9-6-1。

表 9-6-1　保护装置动作情况

线路名称	第一套保护动作情况	第二套保护动作情况
220 kV 徐东 1 线	未启动；未动作	距离保护Ⅲ段动作
220 kV 徐东 2 线	未启动；未动作	距离保护Ⅲ段动作
220 kV 徐东 3 线	距离保护Ⅲ段动作	启动；未动作
66 kV 水泥线	过流保护Ⅱ段动作	—

3 时 56 分，调度监控人员合上徐东 3 线开关；4 时 04 分，合上徐东 1 线开关；4 时 05 分，合上徐东 2 线开关；4 时 12 分，合上 66 kV 水泥线开关。

3. 故障设备基本情况

该变电站两台站用变正常时分列运行，两段母线联络刀闸在分位，并列时需要手动操作。#1 站用变低压交流系统 2004 年投运，交流屏厂家为本溪电力设备制造有限责任公司，正常运行时主要带 #1 直流充电屏、主控楼电热、屋外照明、220 kV 户外动力箱等负荷。

该变电站两套直流电源系统正常时分列运行，两段母线联络开关在分位，并列时需要手动操作。#1 直流充电屏为哈尔滨光宇电源股份有限公司产品，2005 年 1 月投运。正常运行时主要带徐东 1 线、徐东 2 线第一套保护，徐东 3 线第二套保护，正常直流电源负荷电流为 18A。

第一组蓄电池型号为 GFM-300，2005 年 1 月投运，电池数量 108 块（单体额定电压 2.23V）。调阅现场的运维管理资料发现：一组蓄电池最近一次核对性充放电时间为 2013 年 7 月 15 日，结果正常；单体端电压最近一次测量时间为 2014 年 6 月 29 日，未发现异常情况。

9.6.2 故障检查情况

1. 外观检查

1）交流系统检查

7 月 18 日公司输电运检室对水泥线进行巡视时发现 #6 塔雷击造成三相绝缘子闪络。由于 66 kV 水泥线发生三相短路，造成 66 kV 母线电压下降，当时录波图如图 9-6-2 所示。

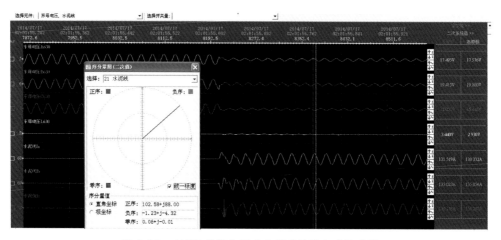

图 9-6-2　66 kV 母线电压及水泥线故障电流录波图

由于 #1 站用变挂在彩矿 1 线，通过对 1 站用变低压侧（380V）总断路器进行检查，发现其具有欠压保护功能，电压定值设置为额定相电压的 85%，即当电压低于 187V 时，瞬时动作跳闸。根据水泥线保护装置调出的波形图可以看出其故障时 66 kV 东母线三相电压最大值为 12.81 kV。计算出二次侧电压为 77.63 V ＜ 187 V，满足动作条件。

2）直流系统检查

（1）一组充电屏检查。检查 #1 蓄电池总保险器，良好无异常；检查第一套直流系统监控模块，没有当时的异常告警记录；对充电装置至蓄电池组的电缆及二次回路进行检查，对电缆进行绝缘测试，二次回路接线正确，电缆回路绝缘良好。

（2）第一组蓄电池检查。用第二套直流系统带全站直流负荷，并取下第一组蓄电池出口熔断器，对第一组蓄电池进行重点检查。

检查蓄电池外观未见漏液、鼓肚、凹陷等异常。

2. 试验验证

用一组蓄电池带临时负荷进行测试，利用 1600 W 电热水器烧水 10 min（负荷电流约为 6.8 A），电池组电压维持在 235 V 不变，再逐个测量各蓄电池单体电压在 2.2 V 左右，未发现异常。

然后对第一组蓄电池进行了核对性充放电试验（放电电流为 31.5 A），#43 蓄电池电压快速下降，随后将其脱离蓄电池组，测量其电压为 1.85 V。对其余 107 块电池继续进行核容试验，核容结果良好。

接着利用内阻测试仪对第一组蓄电池进行检测，发现 #43 蓄电池内阻为 0（电压 1.633 V），#54 蓄电池内阻偏大（4.621 mΩ），如图 9-6-3 所示。

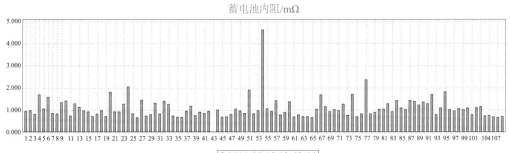

（a）

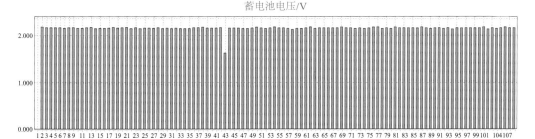

（b）

图 9-6-3　#1 蓄电池组单体内阻及电压示意图

3. 解体检查

对 #43、#54 蓄电池进行现场解体，发现 #43 蓄电池正、负极板腐蚀严重，负极接线柱出现熔化现象，壳体内部出现熔铅，如图 9-6-4 所示；#54 蓄电池负极稍微用力即断裂，如图 9-6-5 所示。

图 9-6-4　#43 蓄电池损坏情况　　　　　图 9-6-5　#54 蓄电池损坏情况

9.6.3　故障原因分析

1. #1 站用变低压侧总断路器跳闸分析

由于该变电站 #1 站用变低压侧总断路器具有欠压脱扣功能，在 66 kV 水泥线短路故障时造成 66 kV 母线电压降低，进而导致 #1 站用变低压侧（380 V）母线电压降低，达到欠压保护整定的定值，从而欠压保护动作，低压侧总断路器跳闸。

2. 一组蓄电池单体电池异常分析

鉴于 #43 蓄电池内部有腐蚀情况，结合检查及试验，经分析认为原因：#43 蓄电池由于运行年限较长（近 10 年），正、负极板腐蚀严重，内部汇流条和接线端子出现虚接，当站用电交流失电时，第一套直流系统由蓄电池组带全部负载（负载电流大约 18 A），因电流较大，致使汇流条虚连处部分断裂，导致大电流无法通过，蓄电池组电压逐步下降，最终降至保护、测控等装置无法运行，发生失电，使 220 kV 徐东 1、2、3 线在发生故障时相应的 220 kV 徐东 1、2 线第一套保护和徐东 3 线第二套保护不动作，这是直流发生异常的主要原因。

在平时正常运行状态下，由于负载电流由充电机提供，蓄电池浮充电流较小（0.3 A 左右），因此蓄电池不会出现汇流条虚接熔断故障。当日 #1 站用变跳闸后因 #1 充电机失去交流电源，由该组蓄电池带一段直流母线全部负荷，由于负载电流较大（18 A 左右），#43 蓄电池汇流条虚接处发生部分断裂，蓄电池组电压逐步下降。而当后来现场检查试验时，发现放电电流为 6.8 A，虽然汇流条可能处在虚接状态，但因电流较小，没有发生断路，使蓄电池组形成回路，得以持续放电。而采用 31.5 A 大电流进行核容放电时，进一步加剧汇流条的熔断，导致汇流条瞬间断裂，蓄电池损坏，停止放电。

9.6.4 预防措施及建议

排查变电站交直流系统各级交直流回路空气开关、熔断器级差及保护配置和设备运行情况，排查直流蓄电池整组核对性充放电情况，单体蓄电池是否有鼓肚、变形、漏液情况，开盖检查正负极接线端子是否有严重腐蚀的情况等。

9.7 远方遥控故障

9.7.1 故障情况说明

2007 年 1 月 29 日，南山集控站升级进入测试阶段，在测试 66 kV 北纺变 10 kV 线路遥控功能时，应将所有间隔的遥控压板退掉，同时将 10 kV 线路开关"远方/就地"切换把手切至"就地"位置，仅对待测试间隔切至"远方"位置。29 日下午，调度中心工作人员和厂家人员去北纺变准备配合南山集控站做遥控测试。工作人员李某到变电站后准备和南山集控站对试，在李某和南山集控站通电话过程中，厂家人员没有和李某打招呼就先到远动屏把当地远动机重新启机，然后一个人到 10 kV 线路保护测控屏把 10 kV 纺织 1 线的"远方/就地"把手切换至"远方"位置。准备做遥控测试时接到集控站运行人员的电话，10 kV 纺织 1 线开关跳闸，随后厂家人员把 10 kV 纺织 1 线通过当地后台机合上开关。

9.7.2　故障原因分析

工作人员李某未办理工作票即开始工作，并失去对厂家人员的监护，工作中缺少沟通配合是造成此次误跳闸的主要原因。北纺变监控系统远动机运行时死机，遥控命令未返回，在把手切至"远方"位置后，纺织 1 线误跳是此次事故的间接原因，同时暴露出遥控允许压板退出并没有闭锁遥控操作，没有真正起作用，应查找压板接线情况，将遥控允许压板串接在遥控正电处，以起到遥控闭锁的作用。

9.7.3　预防措施及建议

（1）严格执行工作票制度。无论工作多么简单、多么急促，进入变电所工作必须办理工作票。通过办理工作票能够让工作班人员了解工作任务及工作中的安全注意事项。

（2）工作不能超过专业范围。在变电所工作不属于自动化的设备绝不能动，包括平时的设备维护，春秋检的信号传动等，有些工作可以指导但不能亲自动手，遇到问题时可以将工作停下来，不能因着急而去操作不属于本专业的设备。